エンジニアのための

リスク
マネジメント
入門

RISK
MANAGEMENT

田邊一盛 著

技術評論社

まえがき

　近年、ITの普及が進み、以前にも増してITサービスは私たちにとって身近な存在となりました。1人1台スマートフォンを持ち歩く時代になり、スマートフォンを中心にあらゆるITサービスが私たちの日々の生活を支えています。また、新たなITサービスが次々に登場し、私たちの生活を便利で豊かなものにしています。企業にとってもITサービスは必要不可欠な存在となり、企業活動をあらゆる方面から支えるようになりました。法人向けの多様なITサービスの登場により業務の効率化や高度化が進み、顧客へ提供する商品やサービスの向上にもつながっています。

　しかし同時に、ITサービスの停止や誤作動は私たちの生活や企業活動に大きな影響をもたらすようになりました。こういった事態を回避するためにはリスクマネジメントを行い、停止や誤作動のリスクを適切にコントロールする必要があります。

　リスクマネジメントは金融機関や大企業など、これまでは社会的に大きな影響を与える企業を中心に取り組みが行われてきました。しかしながら、私たちの生活や企業活動に影響を与えるITサービスは金融機関や大企業から提供されるものだけではなく、中小企業やITベンチャーから提供されているものも数多くあります。そのため、リスクマネジメントは今やすべての企業において必須の取り組みであると言えます。

　企業がリスクマネジメントに取り組むためには、ITサービスを支えるエンジニアのリスクマネジメントに関する知識と理解が必要不可欠となります。

　本書は、これまでリスクマネジメントに関わりのなかったエンジニアを対象に、リスクマネジメントの歴史やこれからの時代に求められるリスクマネジメント、リスクマネジメントの方法論や態勢づくりなどについて学べる内容となっています。また、ITサービスの停止や誤作動などが発生したいくつかの事例を題材に、それぞれの事例でどのようなリスクマネジメントが必要であったのかを解説することで、学んだ内容を実践に活かせるようにしています。さらに、リスクマネジメントに興

味を持ち、本格的にリスクマネジメントを学びたいと考える方へ向けて、リスクマネジメントに関連する資格やフレームワークについて解説をしています。

　本書をきっかけに、エンジニアの皆さんがリスクマネジメントの知識を身につけ、実務の中でその力を発揮していくことを期待しています。同時に、企業のリスクマネジメント力の向上につながればと考えています。

　また、リスクマネジメントの重要度が増していく状況の中で、リスクマネジメントに関わる人材は常に不足していると筆者は日々感じています。読者の中からリスクマネジメントのプロフェショナルを目指し、活躍する人が増えることでリスクマネジメント業界が発展していければと考えています。

　本書でリスクマネジメントを学ぶことが、エンジニアの皆さんの強みのひとつとなれば幸いです。

目　次

第3章

［トラブル事例に学ぶ］フィンテック時代のリスクマネジメント　79

第4章

リスクマネジメントプロフェッショナルへのキャリアパス　123

付録
リスクマネジメントのためのフレームワーク   153

第 1 章

なぜリスクマネジメントなのか？

1.1

リスクマネジメントの歴史

企業はなぜ、リスクマネジメントに取り組むのでしょうか？ 本節ではリスクマネジメントの発展を振り返りながら、伝統的なリスクマネジメントと現代的なリスクマネジメントの2つについて学びましょう。

1.1.1 伝統的なリスクマネジメント

　最初に取り上げるのは、米国の保険管理をルーツとして発展してきた「伝統的なリスクマネジメント」です。伝統的なリスクマネジメントでは、損失に関連するリスク[1]（マイナス面のリスク）に着目している点が特徴として挙げられます。

　米国では保険会社が19世紀後半から損害保険、傷害保険、盗難保険などの各種保険の販売を開始し、20世紀に入るとこれらに自動車保険や労災保険（労働者災害補償保険）なども販売されるようになりました。1920年代に入ると、多くの大企業で、上に挙げたような保険の契約管理を行う保険部門を社内に設置するようになりました。

　1929年にニューヨーク株式市場の大暴落を引き金とした世界大不況▼が起きる

用語　**世界大不況**：「世界恐慌」あるいは「大恐慌」とも。1929年から1941年までの、おおよそ1930年代を指す。アメリカでは1929年10月ニューヨーク株式市場（ウォール街）における株の暴落を機に銀行の倒産が始まり、金融恐慌にまで拡大し、失業者があふれかえった。世界大不況は、ルーズベルト大統領によるニューディール政策の実施および第二次世界大戦への突入によって終結した。

【1】　リスクの定義については第2章の2.1節で詳しく説明していますが、ここでは「不確実性の度合い」程度の意味と捉えておいてください。

と、大企業はコストの全面的な見直しを強く迫られるようになりました。そのような見直しの対象のひとつとして保険内容や保険料の見直しも行われました。こういった保険の見直しが、伝統的なリスクマネジメントの始まりと言われています。

1930年にアメリカ経営者協会（AMA）が保険管理をテーマとする会議を開催すると、これを契機としてニューヨーク州の企業が中心となり、AMAの賛助を受けて1932年にニューヨーク保険購買者協会を設立しました。この協会は設立間もなくAMAから独立してリスク研究協会となり、1950年には全国的な組織である全国保険購買者協会（NIBA）へと組織を変更しています。

その後NIBAは、1955年にアメリカ保険管理協会（ASIM）へと名称を変更し、1975年には世界最大のリスクマネジメント団体であるリスク保険管理協会（RIMS）へと組織を変更しています。

ASIMの教育委員会の初代委員長を務めたシュナイダー (H.W. Snider) 教授は、1955年に「リスクマネジメント」と「リスクマネージャー」という概念を提唱し、これが大きな反響を呼び、AMAなどから支持を得ました。同教授が提唱したリスクマネジメントはこれまでの保険管理に留まらず、損失予防、労災安全、福利厚生などを広く総合的に管理することを対象としています。また、これらは保険マネー

表1.1 ● 保険管理やリスクマネジメントに関わる主な団体

名称（日本語）	名称（英語）	略称
アメリカ経営者協会	American Management Association	AMA
アメリカ保険管理協会	American Society of Insurance Management Inc.	ASIM
全国保険購買者協会	The National Insurance Buyers Association	NIBA
トレッドウェイ委員会	Treadway Commission	
トレッドウェイ委員会支援組織委員会	Committee of Sponsoring Organization of the Treadway Commission	COSO
ニューヨーク保険購買者協会	The Insurance Buyer of New York	
米国公認会計士協会	American Institute of Certified Public Accountant	AICPA
米国証券取引委員会	Securities and Exchange Surveillance Commission	SEC
リスク研究協会	The Risk Research Institute	
リスク保険管理協会	Risk and Insurance Management Society	RIMS

ジャーではなくリスクマネージャーがこれを管理することとしています。**リスクマネージャー**とは、経営管理機能の一部として、組織のリスク問題に対してリスクコントロールのプロセス[2]を介してリスクマネジメント機能を担う人を意味します。

このリスクマネジメントとリスクマネージャーの概念は、RIMSを通じて北米、オーストラリア、ニュージーランド、メキシコ、日本などの世界の会員へ広がり、保険、金融、製造、販売といった業種からサービス、ヘルスケア、公共団体など幅広い業種・業態で導入されています。

リスクやリスクマネジメントの定義や対象については後ほど詳しく説明しますが、伝統的なリスクマネジメントでは損失に関連するリスクのみを対象としており、これは「狭義のリスクマネジメント」ということになります。一般に、リスクマネジメントという言葉を聞くと、この狭義のリスクマネジメントを連想する人が多いのではないでしょうか。人は誰でも損はしたくないものです。そういった考えから、伝統的なリスクマネジメントは発展してきたとも言えるでしょう。

1.1.2 現代的なリスクマネジメント

伝統的なリスクマネジメントと並ぶもうひとつの流れは、米国の経営管理をルーツとして発展した「現代的なリスクマネジメント」です。この企業経営のためのリスクマネジメントは、**エンタープライズリスクマネジメント**（Enterprise Risk Management：ERM）と呼ばれています。ERMの特徴は、損失に関連するリスク（マイナス面のリスク）だけではなく、利益に関連するリスク（プラス面のリスク）にも着目をしている点です。

米国では1970年代から80年代にかけて粉飾決算、経営破綻、企業不祥事などが多発しました（**表1.2**）。この流れを受け、米国公認会計士協会（AICPA）は1978年に「コーエン報告書」を公表し、この中で内部統制の機能状況については公認会計士が関与することが望ましいと言及しました。

また、1985年にはトレッドウェイ委員会およびトレッドウェイ委員会支援組織委

【2】 リスクコントロールのプロセスについては後述します。本章の1.2.2項や第2章を参照してください。

表1.2 ● 米国における主な粉飾決算、経営破綻

年	企業名	説明
1970	ペン・セントラル鉄道	粉飾決算。約70億ドルの負債を抱えて経営破綻した
1973	エクイティ・ファンディング	コンピュータを利用して1億5000万ドル近くの不正会計処理を行った後、倒産した
2001	エンロン	電力自由化の流れを受け、エンロンはエネルギー会社として急成長したが、デリバティブ取引を使った巨額の粉飾決算が発覚し倒産した
2002	ワールドコム	長距離通信会社だったが、さまざまな不正会計処理を行い倒産。負債総額は約410億ドル
2002	アーサー・アンダーセン	エンロンの監査人を務めていた会計事務所、アーサー・アンダーセンが不正会計処理に関わっていた容疑をかけられ、顧客減少などにより解散に追い込まれた
2008	リーマン・ブラザーズ	「サブプライムローン問題」に端を発する金融危機が発生し、大手投資銀行リーマン・ブラザーズが経営破綻。破綻時の負債総額は6130億ドル、史上最大の倒産となった。通称「リーマンショック」

員会（COSO）が設置されました。トレッドウェイ委員会は、1987年に報告書「不正な財務報告[3]」を公表し、この中で不正を防止するためには内部統制が必要であることを強調し、上場企業、監査法人、米国証券取引委員会（SEC）に対する勧告を行い、さまざまな問題点を指摘しました。

その勧告をもとに、COSOは内部統制の概念や評価基準などに関する共通のフレームワークの開発に着手し、「内部統制の統合的枠組み（Internal Control – Integrated Framework）」（COSOフレームワーク）を策定し、1992年と1994年に公表しました。

COSOフレームワークでは、以下の3つの目的（業務、報告、コンプライアンス）と5つの構成要素（統制環境、リスクの評価、統制活動、情報と伝達、モニタリング活動）から構成されます[4]。この立方体の図式はCOSOキューブと呼ばれています（**図1.1**）。

【3】 National Commission on Fraudulent Financial Reporting (NCFFR). 1987. *Report of the National Commission on Fraudulent Financial Reporting*. AICPA.
https://www.coso.org/Documents/NCFFR.pdf

【4】 COSOおよびCOSOの発展形であるCOSO-ERMについては、本章の1.3.3項や付録のA.1節で説明しています。

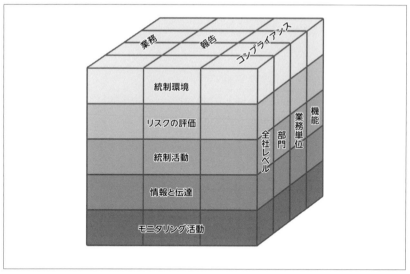

図1.1 ● COSOキューブ
出典：『内部統制の統合的フレームワーク』（八田進二／箱田順哉監訳、日本内部統制研究学会／新COSO研究会訳、日本公認会計士協会出版局、2013）を元に作成。
https://jicpa.or.jp/news/information/docs/5-99-0-2-20160112.pdf

　現代的なリスクマネジメントには、全社的なリスクマネジメントと統合的なリスクマネジメントの2つの側面があります。

　全社的なリスクマネジメントとは、伝統的なリスクマネジメントのように、特定の部門やメンバーのみが対応するのではなく、経営陣から現場で働く従業員まですべての役職員がリスクマネジメントの活動に参加することを意味します。

　統合的なリスクマネジメントとは、伝統的なリスクマネジメントのように保険管理、損失予防、労災安全および福利厚生など特定の業務のみを対象とするのでなく、企業経営に関わるすべての業務を対象とすることを意味します。

　経営管理の観点からは、経営計画で定めた目標と同じ成果が得られることがベストな結果と考えられます。つまり、目標に対して下振れや上振れが生じるということは、計画の基礎となる予測や見積もりおよび計画の実行で誤りがあったということを意味しています。そのため現代的なリスクマネジメントでは、損失に関連するリスクと利益に関連するリスクの両方を管理する必要があると考えられています。

　前項で説明した伝統的なリスクマネジメントと現代的なリスクマネジメントの違いを**表1.3**に挙げておきます。

表1.3 ● 伝統的なリスクマネジメントと現代的なリスクマネジメントの違い

伝統的なリスクマネジメント	現代的なリスクマネジメント
経営管理の一部として機能する	経営戦略と一体化して機能する
株主利益を重視	ステークホルダー（利害関係者）との関係を重視
物的資産、財務資産を対象とする	無形資産も対象とする
財務経理、内部監査部門などが対応	各部門が担当
属人的に対応する	プロセスで対応する
個別、断片的な対応	総合的な対応
事後対応型	事前対応型
事例分析型	環境変化対応型

　現在、リスクマネジメントと言えば、この現代的なリスクマネジメントを指している場合がほとんどです。いまや企業で働くひとりひとりがリスクマネジメントを考え、実践していくことが求められていると言えるでしょう。

1.2
リスクマネジメントとビジネス環境の変化

本節では、これからリスクマネジメントを実施していくにあたって考慮しなければならないビジネス環境の変化について見ていきます。特に現代では、ITを活用してスピードと効率を追求する時代へと突入しています。

1.2.1 ITベンチャーの台頭

これまでリスクマネジメントは、前節で説明したように大企業、特に電力、通信、金融など私たちのインフラを担う企業を中心に発展し、実践されてきました。これらの大企業でのリスクマネジメントでは、事故や不具合などが起きないようにリスクを十分に下げ、ユーザーが高品質な商品・サービスを安全に、かつ安心して利用できることを最優先にしてきました。そのため、リスクマネジメントには多大なリソース（組織、人員）が必要になり、リスクマネジメントの活動には多大な人的資源と時間が必要でした。

特に今世紀に入ってからは、これらのインフラ分野を含め、大企業がこれまで展開してきた事業領域にITベンチャーが相次いで参入するようになりました。ITベンチャーは、利便性を考慮し、ユーザーが望む商品・サービスをタイムリーに提供し、かつ低価格で利用できることを最優先にします。そのため、これらの企業ではリスクマネジメント活動へのリソース配分は最小限に抑えられ、ユーザーニーズを把握するためのマーケティングや商品・サービス開発などに多くのリソースが割かれることになります。特に、スマートフォンアプリやウェブサービスといったインターネット関連のサービスでは、製造や販売といった形のある商品と比べてリリー

スまでのスピード面や価格面の競争が厳しいため、その傾向が顕著です。

　ITベンチャーが台頭するようになってくると、大企業のリスクマネジメント態勢ではITベンチャーの商品・サービスのスピードや価格に対抗することが難しくなってきました。では大企業も同じような戦略を取れば、ITベンチャーに対抗できるようになるのでしょうか？　大企業にはこれまで培ってきた知名度や提供する商品・サービスのブランドがあります。これらを守っていくためには、高品質な商品・サービスを維持するためのリスクマネジメント活動が欠かせません。ITベンチャーのように、リスクマネジメント活動のコストを抑えつつ事業活動を展開することはできないのです。

　一方、ITベンチャーの戦略はどうでしょうか。消費者が望む商品・サービスをタイムリーかつ低価格で提供できるのであれば、問題はないように思えます。しかし先に触れたように、ITベンチャー企業ではリスクマネジメントの活動へのリソース配分は最小限に抑えられています。その結果、何が起きるかというと、欠陥のある商品・サービスが提供されてしまったり、商品・サービスが短期間の間に停止してしまったりします。最悪の場合には、商品・サービスの提供そのものが停止したり、法令違反などを起こして信用が失墜し、ITベンチャーが倒産してしまう場合もあります。

　商品・サービスをタイムリーかつ低価格で利用できたとしても、このように品質の確保や安定性に欠けるようであれば元も子もありません。特に、フィンテック▼と呼ばれる新たな金融サービスではITベンチャーが多く参入しており、提供サービスが継続されない可能性も大企業に比べると高くなっています。

　このように、大企業にとってもITベンチャーにとっても、現状のリスクマネジメントにはそれぞれ問題があります。リスクマネジメントを厳密に行うとスピードや利便性を損ないますし、逆に必要なリスクマネジメントを行わずに商品・サービスの

| 用語 | フィンテック (FinTech)：ファイナンス (Finance：金融) とテクノロジー (Technology：技術) を合成した造語。情報技術を活用して金融サービスの効率化を図ったり、新しい金融サービスや商品を開発・提供する。最近では、ITベンチャー、いわゆるスタートアップ（新興企業）が多く参入している。提供しているものは単にITを使った金融サービスではなく、昨今ブームになった「○○Pay」のような「モバイル決済」が代表的。 |

品質や安定性を欠いてしまいます。商品・サービスの提供スピード、利便性、品質
および安定性などを、バランスよく管理できるリスクマネジメントを目指していく必
要があります。

1.2.2 クラウドサービスの普及・拡大

　システム環境の変化に目を向けてみると、クラウドサービスの普及・拡大はリス
クマネジメントにとって大きな課題のひとつです。

　クラウドサービスが登場するまで、企業は自社でサーバーやネットワーク機器な
どを構築し、システムおよびサービスを運用する、いわゆる**オンプレミス**と呼ばれ
る形態が一般的でした。オンプレミスでは、システムの企画から開発、運用および
保守といったプロセスすべてを自社で管理します。このため、自由かつ柔軟に自社
のシステムを拡張・変更できるというメリットがあります。

　これをリスクマネジメントの観点から考えると、リスク対応するために必要なコ
ントロールも自由かつ柔軟に設計・導入することができるということになります。

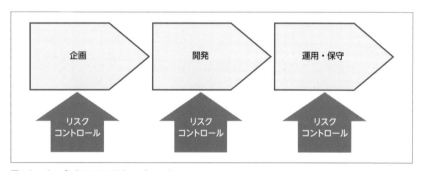

図1.2 ● オンプレミスでのリスクコントロール

　しかしオンプレミスにはデメリットもあります。サーバーやネットワーク機器など
の調達やそれらの運用・維持にコストがかかりますし、システムの拡張に伴うサー
バーやネットワークの追加にもコストがかかります。また、これらのハードウェアお
よびシステムの変更管理には多大な時間と労力を割く必要があります。

そこでこれらのデメリットを解消するため、**クラウドサービス**が登場しました。ク
ラウドサービスでは、これまで企業の負担となっていたサーバーやネットワーク機
器などの調達・構築・運用をクラウド事業者が担い、ユーザー企業はこれをサー
ビスとして利用できます。クラウドサービスは、**図1.3**のようにクラウドサービス事
業者が提供するサービスの範囲に応じてさまざまな形態があります。

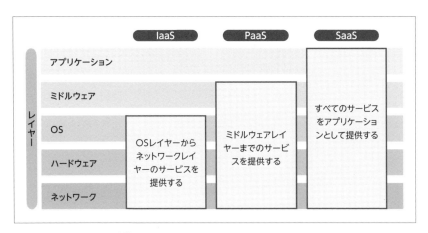

図1.3 ● クラウドサービスの種類

クラウドサービスは提供するサービスによって、主に次の3つに分類されます。

- IaaS (Infrastructure as a Service)：「サービスとしてのインフラストラ
  クチャ」と呼ばれ、サーバーなどのマシン、ネットワークやOSといった基幹
  サービスを提供します。レンタルサーバーと違うのは、仮想化技術を使って
  仮想的なマシンをクラウド、つまりクラウドサービス事業者が提供している
  データセンター上のマシンに構築します。このため、あとからマシンの処理
  能力を上げたいときも、自由にCPU、メモリ容量、ディスクを変更・増設で
  きます。Amazon Elastic Compute Cloud (EC2) が代表的な製品です。

- PaaS (Platform as a Service)：「サービスとしてのプラットフォーム」
  と呼ばれ、アプリケーションを実行するための環境（プラットフォーム）を
  サービスとして提供します。ミドルウェアや開発ツール、データベースなど、

多彩なサービスが提供されています。Google App Engineが代表的な製品です。

● SaaS (Software as a Service)：「サービスとしてのソフトウェア」と呼ばれ、インターネット経由でソフトウェアを利用します。ローカルマシンにアプリケーションをインストール必要はありません。具体的な製品としては、グーグルのGmailといった電子メールサービスや、マイクロソフトのOffice 365といったオフィス製品があります。

　ユーザー企業は、自社が運用するシステムやサービスの特徴に合わせてクラウドサービスを適宜選択し、事業に利用することができます。適切なクラウドサービスを利用することで、ユーザー企業は開発や運用にかかるコストを抑えることができます。

　しかし先に説明したように、クラウドサービスはクラウドサービス事業者が調達・構築・運用を担います。そのため、自社のシステムやサービスを考慮したリスクコントロールを実施することが困難になります。たとえば、自社のシステムやサービスの特性に最適なハードウェアやOS、セキュリティパッチなどを自由に選択できません。クラウドサービスのメンテナンスによる停止時間帯をユーザー企業側で設定できないというのも24時間稼働を前提としたシステムの場合、かなり厳しい条件になります。このほかにも、クラウドサービスにシステム障害が発生した場合は、復旧までの時間はクラウドサービス事業者からのアナウンスを待つしかありません。

　このように、クラウドサービスでは自社でコントロールできない要素が多々あり、企業側では十分なリスクマネジメントができません。そのため、クラウドサービスの利用を前提としたリスクマネジメントを考えていく必要があります。

1.3
現代的なリスクマネジメントから先進的なリスクマネジメントへ

これまで学んだように、リスクマネジメントは時代の潮流に合わせて、伝統的なリスクマネジメントから現代的なリスクマネジメントへと発展してきました。本節では、これからの時代に求められる先進的なリスクマネジメントを実践するときに、どのような点に考慮しなければならないかについて考えてみましょう。

1.3.1 多様性と複雑性への対応

現在、私たちの身のまわりには実にさまざまなサービスや商品があふれています。たとえば SNS（Social Networking Service）であれば、Instagram、Facebook、Twitter、LINE などがあります。これらのサービスはいずれも SNS に分類されるとはいえ、異なる機能や特性などを持っています。また、食品や工業製品などは、原材料の調達、製品への加工、製品の保管、製品の配送、製品の販売といった、いわゆるサプライチェーンを通じて複数の企業が関わりながら、私たちの手元に届きます。また、自社業務の一部を外部へ委託（アウトソーシング）する BPO（Business Process Outsourcing）も盛んに行われています。

このように現在のビジネス環境では、同じ業態やサービスに分類されたとしても業務の細かな部分は各社各様で、以前と比べて多様性が大きくなっています。このため、これまでのリスクマネジメントでよく使われていたフレームワークを用いたリスク評価も難しくなってきています。というのも、これまでのリスクマネジメントのフレームワークは、モデルとなる企業とその組織やプロセスを前提として作成しているためです。たとえば、企業のガバナンスやマネジメント、業務プロセスなど

で検討すべきコントロールを画一的かつ具体的に記述しています。これまでのリスク評価は、フレームワークの各項目に沿って現状のコントロールを評価すれば、網羅的にリスクマネジメントの過不足を把握できました。また、フレームワークに則ったコントロールの記述は具体的であるため、評価対象のプロセスに関する業務知識や経験がある人であれば、比較的容易にリスク評価と業務改善を行うことが可能でした。

　しかし、多様なサービスや商品が提供されている現代では、それぞれの形態にあわせて企業のガバナンスやマネジメント、プロセスも異なります。そのため、先に説明したようなフレームワークを用いた評価が難しくなってきています[5]。

　また、SCM▼の高度化やBPOの活用により、企業自身のリスク評価と業務改善だけでは網羅的なリスクマネジメントを実施するのは難しくなってきています。包括的なリスクマネジメントを実施するには、サプライチェーン内の取引先企業やBPOといった業務委託先も含めたリスク評価と業務改善を行う必要があります。そのためには、業務委託先の選定時からリスクマネジメントの観点も含めた委託先評価を実施すること、業務委託契約の締結時にはリスクマネジメントを考慮した規定を含めることが重要になります。

　特に、前節で説明したクラウドサービスでは注意が必要です。クラウドサービスは、サービス利用規約への同意後にサービスの利用を開始します。サービス利用規約はクラウドサービス事業者側が一方的に定めるもので、業務委託契約のように企業側の交渉でその内容を修正することができません。そのため、クラウドサービスを利用する場合には、選定時の評価が極めて重要になります。サービスの利用を開始してから、そのサービスの仕様に問題を把握しても改善できないのはもちろ

 SCM (Supply Chain Management)：サプライチェーンマネジメント。生産物がサプライヤーからエンドユーザーまで流通していく流れ（連鎖）のことを「サプライチェーン」と呼ぶ。SCMは、サプライチェーンを含む、「資金」の流れや、在庫や販売を含めた「情報」の流れを含めて総合的に管理する仕組みのこと。

【5】　多様性や複雑性に対応するため、リスクマネジメントの各フレームワークも改訂が行われていますが、これらの改訂については1.3.3項で説明します。

んのこと、リスク評価に必要な情報開示についても原則はクラウドサービス事業者が外部に公表している情報に限られます。業務委託契約に比べて企業側で実施できるリスク評価と改善対応は極めて限定されてしまいます。

このように、多様性と複雑性が高まっている現在のビジネス環境では、画一的な評価では実効性のあるリスクマネジメントは困難です。また、業務委託先やクラウドサービスへの依存度の高まりにより、企業側だけのリスクマネジメントでは網羅性を十分に確保できなくなってきています。

1.3.2　環境変化スピードの速まり

私たちを取り巻く環境は、これまでに歴史が経験したことのないようなスピードで急速に変化をしています。たとえば、スマートフォンや人工知能（AI）、仮想通貨などはどれも10年前には存在しなかったものです。同じように、ビジネス環境においても環境変化のスピードは速く、近年は新しいテクノロジーやビジネスの仕組みが次々と登場します。

リスクマネジメントのフレームワークの策定や改訂には、専門家による検討、パブリックコメントによる意見募集などを経て、企画から公表まで通常は数年程度の時間を要するケースが増えています。そのため、公表された時点では内容が陳腐化していたり、網羅性が十分でなかったりします。

最近の例としては「パスワードの管理」があります。これまでは、パスワードは定期的に変更するのがリスクマネジメント上は好ましいとされ、推奨されてきました。しかし、最新の考え方では、定期的にパスワードを変更することは逆にリスクを高めると言われています[6]。ですが、こういった内容は現在公表されているフレームワークには反映されていません。

また、ここ数年で登場したテクノロジーへの対応が十分ではないことがあります。

【6】　パスワードの設定・管理については、総務省が公開している「国民のための情報セキュリティサイト」を参照してください。

　■ 国民のための情報セキュリティサイト（総務省）
　　［基礎知識＞インターネットの安全な歩き方＞IDとパスワード＞設定と管理のあり方］
　　https://www.soumu.go.jp/main_sosiki/joho_tsusin/security/basic/privacy/01-2.html

前節で取り上げたクラウドサービスは、フレームワークによっては十分に考慮できていなかったり、そもそも対象に含めていなかったりするものもあります。

　リスクマネジメントのフレームワークで規定されている項目や内容は、そのままリスク評価に利用できるものではありません。フレームワークは、あくまで検討や公表をされた当時のビジネス環境や課題認識をもとに作られています。策定時から環境が変わってしまうと内容が適切ではなかったり、フレームワークがカバーする対象が十分ではなかったりする可能性もあります。そのような相違点についてもよく理解したうえで利用を検討する必要があります。

1.3.3　画一的なリスクマネジメントの限界

　これまでの説明をおさらいしておきましょう。

　リスクマネジメントのフレームワークは、モデルとなる企業とその組織やプロセスを前提として作成されており、かつフレームワークが検討や公表をされた当時のビジネス環境や課題認識をもとに作られています。また、検討すべきコントロールを画一的かつ具体的に記述しています。

　なぜこのようにフレームワークが作成されていたのでしょうか? その背景としては、これまでのビジネス環境は現在よりもシンプルで、企業による組織やビジネスモデルの違いも大きくなく、モデル化やプロセス化がしやすいという特徴があったためです。この結果、フレームワークもプロセスベースの記述がベースで、理解も運用もしやすいものでした。

　しかし、多様性や複雑性が増し環境変化の早い現在では、このような画一的なコントロールを規定したフレームワークが機能しづらくなってきています。COSOをはじめとするリスクマネジメントのフレームワークを策定している団体もこれらの問題を認識しており、最新のフレームワークはプロセスベースのモデルから**原則主義**のモデルへと変化しています。

■ COSO-ERM

　例として、COSOが公開している**全社的リスクマネジメント**（Enterprise Risk Management：ERM）のフレームワークであるCOSO-ERMの定義を見てみましょう。2004年に公開された「全社的リスクマネジメント：統合的フレームワーク」（以下、旧COSO-ERM）では、ERMを以下のように定義していました[7]。

> 事業体の取締役会、経営者、その他の組織内のすべての者によって遂行され、事業体の戦略策定に適用され、事業体全体にわたって適用され、事業目的の達成に関する合理的な保証を与えるために事業体に影響を及ぼす発生可能な事象を識別し、事業体のリスク選好に応じてリスクの管理が実施できるように設計された、一つのプロセス

　少し難しい定義ですが、ERMはリスク管理のためのプロセスであるとしています。2017年に公開された「全社的リスクマネジメント：戦略およびパフォーマンスとの統合」（以下、新COSO-ERM）では、ERMを以下のように定義しています[8]。

> 組織が価値を創造し、維持し、実現する過程においてリスクを管理するために依拠する、戦略策定ならびに実行と一体化したカルチャー、能力、実務

　旧COSO-ERMでは、ERMを「プロセス」と定義していましたが、新COSO-ERMでは「カルチャー、能力、実務」という概念的なものに定義が変更されています。

　次に、新旧のフレームワークを比較してみましょう。**図1.4**が旧COSO-ERMのフレームワークで、**図1.5**が新COSO-ERMのフレームワークです。

---

[7]　出典：『全社的リスクマネジメント：フレームワーク篇』トレッドウェイ委員会組織委員会著、八田進二監訳、中央青山監査法人訳、東洋経済新報社、2006：21ページ

[8]　出典：『COSO全社的リスクマネジメント：戦略およびパフォーマンスとの統合』日本内部監査協会／八田進二／橋本尚／堀江正之／神林比洋雄 監訳、日本内部統制研究学会COSO-ERM研究会 訳、同文舘出版、2018：51ページ

旧COSO-ERMのフレームワークは、4つの目標と8つの構成要素（プロセス）から構成されており、これを会社（事業体レベル）、部門、事業（単位）、子会社（関連会社）の4つの単位でそれぞれ適用していくというわかりやすいモデルでした。しかし新COSO-ERMのフレームワークは、5つの構成要素と20の原則で構成されています。

新COSO-ERMでの目立つ変更点としては、それぞれの構成要素が一体となって機能することを明確にするため、旧COSO-ERMのCOSOキューブは廃止され、スパイラルによって表現されています。このスパイラルはERMが個別のプロセスの組み合わせではなく、それぞれの要素が相互に作用しあうことを表しています。

新COSO-ERMの特に大きな変更点は、これまで説明してきた多様性や複雑性および環境変化のスピードなどに対応するため、どのような企業にも導入しやすいように原則主義が採用された点です。原則主義となったことで、企業は原則をよく

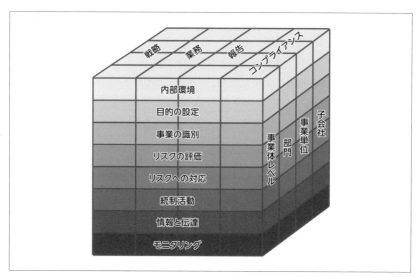

図1.4 ● 旧COSO-ERMのフレームワーク
出所：「Enterprise Risk Management – Integrated Framework: Executive Summary」および同日本語版を元に作成。
https://www.coso.org/Pages/erm-integratedframework.aspx
https://www.coso.org/Documents/COSO-ERM-Executive-Summary-Japanese.pdf

全社的リスクマネジメント

ガバナンスとカルチャー

1. 取締役会によるリスク監視を行う
2. 業務構造を確立する
3. 望ましいカルチャーを定義づける
4. コアバリューに対するコミットメントを表明する
5. 有能な人材を惹きつけ、育成し、保持する

戦略と目標設定

6. 事業環境を分析する
7. リスク選好を定義する
8. 代替戦略を評価する
9. 事業目標を組み立てる

パフォーマンス

10. リスクを識別する
11. リスクの重大度を評価する
12. リスクの優先順位づけをする
13. リスク対応を実施する
14. ポートフォリオの視点を策定する

レビューと修正

15. 重大な変化を評価する
16. リスクとパフォーマンスをレビューする
17. 全社的リスクマネジメントの改善を追求する

情報、伝達および報告

18. 情報とテクノロジーを活用する
19. リスク情報を伝達する
20. リスク、カルチャーおよび
　　パフォーマンスについて報告する

図1.5 ● 新COSO-ERMのフレームワーク

出所：「Enterprise Risk Management Integrating with Strategy and Performance Executive Summary」（COSO、2017）および『COSO 全社的リスクマネジメント：戦略およびパフォーマンスとの統合』（日本内部監査協会／八田進二／橋本尚／堀江正之／神林比洋雄 監訳、日本内部統制研究学会COSO-ERM研究会 訳、同文舘出版、2018）を元に作成。
https://www.coso.org/Documents/2017-COSO-ERM-Integrating-with-Strategy-and-Performance-Executive-Summary.pdf

理解したうえで、それぞれの組織の環境で何をどこまでどうやってコントロールすべきかを考え、各社各様のリスクマネジメントを実践しなければならなくなりました。これもまた、これまでのプロセスベースによるリスクマネジメントとは大きく異なります。

　リスクマネジメントのフレームワークがこのように変化しているように、画一的なリスクマネジメントは現在のビジネス環境では機能しなくなっています。自組織にとって必要なリスクマネジメントが何なのかをよく考えて対応していくことが必要です。

1.4
これからのエンジニアに求められるリスクマネジメント

前節では、先進的なリスクマネジメントを実践するために考慮すべき事項について見てきました。本章の最後に、リスクマネジメントの専門家ではないエンジニアが、リスクマネジメントを実践するためにはどのような事項を考慮すべきかについて考えてみましょう。

1.4.1　リスクマネジメントの本質の理解

　本章で見てきたように、リスクマネジメントは時代の要請に応じて形を変えつつ普及してきました。また、リスクマネジメントというのはひとつではなく、付録に挙げているように複数のタイプの異なるフレームワークがあります。それぞれのフレームワークは、ビジネス環境の変化に合わせて改訂されていきます。特に、近年の原則主義に基づくリスクマネジメントは、リスクマネジメントに関する十分な知識や経験のない者にとっては活用が難しくなっています。

　では、エンジニアがリスクマネジメントを実践することは難しいのでしょうか？そんなことはありません。

　木を見て森を見ず、という言葉があります。最も重要なのは、リスクマネジメントのフレームワークやリスク評価の項目といった、枝葉の部分を理解することではありません。「リスクとは何か」「リスクマネジメントとは何か」といった根幹をよく理解することです。これらの本質をよく理解できていれば、リスクの評価やリスクコントロールを適切に実施できるでしょう。逆に、根幹を理解せずにリスクマネジメントのフレームワークやリスク評価の項目といった枝葉の部分を表面的に覚えて利

用しようとすれば、リスクの評価を誤ったり、過大な（過小な）リスクコントロールを設定したりする可能性があります。リスクやリスクマネジメントの根幹については次章で詳しく説明しますので、その内容をよく理解するようにしてください。

1.4.2　企業環境に応じたリスクマネジメントの実践

　リスクマネジメントを実践するときに失敗しがちなのが、網羅的で深度のあるリスクマネジメントを一気に導入しようとすることです。リスクマネジメントのフレームワークにはさまざまな要素やプロセスなどが組み込まれています。すべてに対応するのが理想ですが、実際にすべてに対応しようとするとなると、導入と運用に多大な人的資源および膨大な時間が必要になります。リスクマネジメントに慣れていない組織がすべてに対応しようとすると、その傾向はますます強まります。野球にたとえると、草野球のチームがメジャーリーグ球団の広範かつ高度なプレーテクニックを実践しようとするようなものです。背伸びをした、過剰なリスクマネジメントは禁物ということを覚えておきましょう。

　リスクマネジメントの重要度は組織によって異なります。たとえば、私たちの生活を支える電力会社、通信会社、鉄道会社、銀行といったインフラサービスを提供する企業では、短時間のサービス停止でも人々に与える影響は甚大です。そのため、そのリスクをコントロールすることは最重要な課題だと言えるでしょう。しかし、無料でスマートフォンゲームやインターネット掲示板サービスを提供する企業では、短時間サービスが利用できなくなるリスクをコントロールすることは必ずしも最重要な課題とは言えません。

　所属する組織のリスクマネジメントに関する成熟度や、リスクマネジメントの重要度をよく理解して、それらの程度に応じたリスクマネジメントを導入していくことが重要です。特に、リスクマネジメントをまだ十分に実践していないような組織では、取り組みやすいプロセスから部分的に対応を進めていくこと、リスクコントロールはシンプルな内容にすることをお勧めします。

Column

リスクマネジメントとの出会いとキャリアについて

　エンジニアとしてキャリアをスタートした筆者が、どのようにしてリスクマネジメントに出会い、そしてこの道の専門家として歩むことになったのかについて、皆さんの参考になればと思い、お話してみたいと思います。

◉就職氷河期を乗り越え、大手通信会社へ入社

　大学を卒業後、筆者は就職氷河期の中、運良く大手通信会社へ運用エンジニアとして入社することができました。入社から約2年間は、運用の対象となるシステムのベンダートレーニングを受講しながら現場ではOJTを受け、一人前の運用エンジニアとしての知識や経験を身につけることができました。その後、会社の合併に伴うプロジェクトへの参画や運用部門内での異動も経験し、エンジニアとしては5年半ほどの経験を積みました。

　リスクマネジメントの世界へ進むきっかけとなったのは、当時在籍していた会社で行われたリストラでした。表向きは希望退職という位置づけでしたが、当時の筆者はまだ若手だったこともありリストラの対象には含まれていませんでした。また、希望退職に手を挙げることもありませんでした。しかし、まわりの上司や先輩が会社を去っていく姿を見ながら、会社の都合で退職を求められる立場は嫌だな、会社と対等な立場に立てるような専門性を身につけたい、と思い始めました。そして、転職活動を始めました。

◉ITコンサルになろう

　ただ専門性を身につけたいとは言っても、運用エンジニアの経験しかない筆者には何ができるのか当時は見当もつきませんでした。その結果、大規模システムの運用経験があるので何となくスペシャリストっぽいITコンサルを目指そう、と漠然と転職活動を開始しました。当然のことながら、漠然とし

た転職活動は箸にも棒にも引っかからずに難航を極め、最終的には転職エージェントから運用エンジニアの求人をいくつも紹介されるような状況になってしまいました。

　そうした中、筆者が偶然にも見つけたのがリスクマネジメントを専門とするコンサルティング会社の求人でした。その会社の採用試験はSPI、論文試験に加えて複数の面接とかなりハードな内容でした。しかし、担当していた転職エージェントがその会社への紹介実績を豊富に持っており、面接対策や筆記試験の対策を事前にレクチャーしてくれたという幸運に恵まれ、そのおかげで採用試験をなんとか突破することができました。論文や面接ではリスクマネジメントに関する質問が何度も出てきましたが、今となってはどういった回答をしていたのかまったく記憶にありません。リスクマネジメントの知識のない当時の私が、どのような受け答えをしていたのかを考えるだけで怖くなります。そして、そのような私をポテンシャル採用で受け入れてくれた当時の会社には感謝しかありません。

●リスクマネジメントに関する経験を積む

　入社当時は内部統制報告制度（J-SOX）が導入される前年度ということもあり、内部統制構築のコンサルティング案件が多くあるような状況でした。同期入社の人たちの多くは内部統制構築のコンサルティング案件に配置されていましたが、私はITのバックグラウンドがあったため、内部統制ではなく金融機関のシステム監査の案件に配置されました。

　金融分野の知識や経験は当然それまでまったくなかったのですが、結果的にここから私は金融分野の業務を多く経験し、金融分野の専門家としてのキャリアを築いていくことになります。そして、金融分野での業務を通じてシステムリスクを中心としたリスクマネジメントを学んでいくことになります。また、コンサルティング会社在籍時にはCISA（公認情報システム監査人）の資格も取得しました。

　その後、監査法人に移ってからは金融分野のシステム監査やリスクコンサ

ルティング業務、さまざまな上場企業のJ-SOXのIT監査対応を経験しました。金融以外の上場企業のJ-SOXを担当することで、リスクマネジメントに関する知識や経験の幅が広がったように思います。また、監査法人在籍時には、CIA（公認内部監査人）、CFE（公認不正検査士）などの資格に挑戦し、いずれも取得しました。

その後は官公庁や複数の事業会社などでリスクマネジメントにかかわる業務を経験することになるのですが、私のリスクマネジメントに関する基礎的な知識や経験は、この2社で身につけたと考えています。また、この時期には業界団体のISACAの支部活動に参加し、会員と交流する機会が多くあったことも知識を広げたと考えています。

やはり、コンサルティング会社や監査法人で働くことがリスクマネジメントを学ぶには最も良い機会だと思います。しかし、こういった会社へいきなり転職することはハードルが高いと感じる人は、自社でこういった外部の会社へリスクマネジメントに関連するような業務がないかを確認してみるとよいでしょう。特に、上場企業であればJ-SOXを通じて内部統制へ対応することになるため、IT統制に対応するエンジニアとしてJ-SOXのプロジェクトに参加するとよいのではないかと思います。

そういった機会がない人には、第4章で説明をしている資格の団体活動に参加してみることをお勧めします。団体によってさまざまなボランティア活動を実施しており、その活動に参加することでリスクマネジメントに関する知識を身につけることができます。また、団体に所属するメンバーとの交流の中から、新たなキャリアにつながるような出会いもあるかもしれません。

リスクマネジメントに関するキャリアの積み方は人によって色々だと思いますが、私の経験が少しでも参考になれば幸いです。

第 2 章

リスクマネジメント

2.1

リスク

> リスクマネジメントで管理するリスクとは一体どういうものでしょうか。ここでは
> リスクとは何なのかについて考えてみましょう。

2.1.1 リスクの定義

　万国共通のリスクの定義というものは残念ながらありません。しかし、いくつかの
フレームワークではリスクを定義しており、表現はそれぞれ違うものの、その本質
や考え方には大きな差はありません。ここでは、リスクマネジメントの国際規格で
ある「ISO 31000：2018　Risk management — Guidelines」に記述されているリ
スクの定義を見てみましょう。なお、次の引用は同規格のJIS版「JIS Q 31000：
2019　リスクマネジメント－指針」[1] (以下、ISO 31000) からのものです (参照項
番は省いています)。

リスク (Risk)

　目的に対する不確かさの影響。

> 注記1　影響とは，期待されていることからかい (乖) 離することをいう。影
> 　　　　響には，好ましいもの，好ましくないもの，又はその両方の場合が
> 　　　　あり得る。影響は，機会又は脅威を示したり，創り出したり，もた
> 　　　　らしたりすることがあり得る。

【1】　JIS Q 31000：2019の全文は、日本規格協会グループ (JSA GROUP) のサイトから入手でき
　　　ます (有償)。
　　　https://webdesk.jsa.or.jp/books/W11M0090/index/?bunsyo_id=JIS+Q+31000%3A2019

注記2　目的は，様々な側面及び分野をもつことがある。また，様々なレベルで適用されることがある。

注記3　一般に，リスクは，リスク源，起こり得る事象及びそれらの結果並びに起こりやすさとして表される。

出典：「JIS Q 31000 (ISO 31000) リスクマネジメント－指針」日本規格協会、2019：9

ISO 31000 は 2018 年に改訂された最近のフレームワークであるため、原則主義に基づきリスクも定義されています（第1章の1.3.3項を参照）。そのため、文字だけを読むと非常に概念的でわかりづらくなっています。

■ 影響（注記1）

注記1では、**影響**とは「期待されていることからの乖離」という意味であると述べ、「好ましいもの、好ましくないものの両方があり得る」としています。これは一体どういう意味でしょうか？

まず、「期待されていることからの乖離」をわかりやすく言い換えると、**現在の状態（As Is）とあるべき状態（To Be）との乖離**と言い換えられます（**図2.1**）。たとえばあなたが社会人野球チームの選手だとします。プロ野球選手を目指すとして、あなたが特筆するような実績もない選手である場合と、メディアから常に注目されるような選手である場合では「現在の状態」がまったく違います。あるいは、プロ野球選手ではなくメジャーリーグの選手を目指すのなら、「あるべき状態」は大きく異なってきます。

このように、「期待されていることからの乖離」を知るには、現在の状態（As Is）とあるべき状態（To Be）を正しく把握する必要があります。リスクを評価する際に往々として生じるのは、このあるべき状態の認識が関係者でバラバラになっているということです。あるべき状態（To Be）の選択肢として「松竹梅」があるとすれば、ある人は松を目指しているのに別の人は梅を目指していた、といった具合です。組織においてリスクを考える際には、このあるべき状態（To Be）を関係者の間で共通認識としておく必要があります。

ときには現在の状態（As Is）を正確に認識できないこともあります。特に、リス

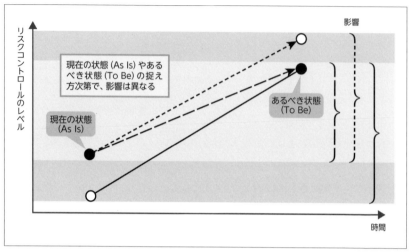

図2.1 ● 現在の状態（As Is）とあるべき状態（To Be）

クを評価する人に評価対象の業務に関する理解が不足していると、このようなことが生じます。リスクを評価する際には、評価対象の業務に精通した人をメンバーに入れて実施することも重要になってきます。

　次に、影響には「好ましいもの，好ましくないもの，又はその両方の場合があり得る」と述べています。これはどういう意味でしょうか？

　第1章の1.1節で説明したことを思い出してください。1.1節では、リスクには損失に関連するリスク（マイナス面のリスク）と利益に関連するリスク（プラス面のリスク）があると書きました。このことをISO 31000では、プラス面のリスクを「好ましい影響（機会）」、マイナス面のリスクを「好ましくない影響（脅威）」と表現しています（**図2.2**）。ISO 31000は現代的なリスクマネジメントの流れを汲むリスクマネジメントの規格であるため、マイナス面のリスクとプラス面のリスクの両方を取り扱うのです。

　現在のリスクマネジメントでは、マイナス面とプラス面両方のリスクを管理するのが一般的です。期待されていることを下回ることだけではなく、上回ることをリスクとして認識しなければならない点に気をつけてください。

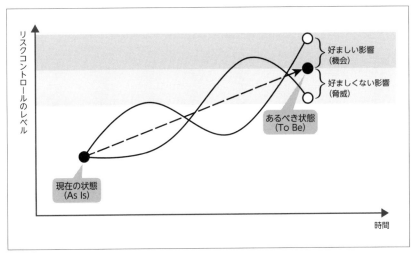

図2.2 ● 好ましい影響（機会）と好ましくない影響（脅威）

■ 目的（注記2）

次に注記2を見てみましょう。ここでは、**目的**は「様々な側面及び分野をもつことがある」、さらに「様々なレベルで適用されることがある」とあります。「様々な側面及び分野」は、対象となるリスクは特定分野に限定されず、複数の分野のリスクが対象となることを意味しています（詳細については次節で説明します）。「様々なレベル」とは、たとえば経営のリスクから現場のリスクまで、組織体のさまざまな階層で生じるリスクが対象となることを意味しています。前者はリスクの幅の広さ、後者はリスクの深さを表していると言えばわかりやすいかもしれません。

■ リスク（注記3）

最後に、注記3を見てみましょう。**リスク**は「リスク源、起こり得る事象及びそれらの結果」、「（それらの）起こりやすさとして表される」とあります。

一般にリスクの大きさは、リスクの影響度と発生可能性の2つを軸とした**リスクマトリクス**で表現されます。前者はリスクの影響度、後者はリスクの発生可能性を意味しています。影響度が大きく、かつ発生可能性が高いリスクが最優先で取り組

むべきものであり、逆に影響度も低く発生可能性も低いリスクは、取り組みの優先度が下がるということになります。無数に存在するリスクの対応優先度は、このリスクマトリクスを利用して検討し、対応を決定します。

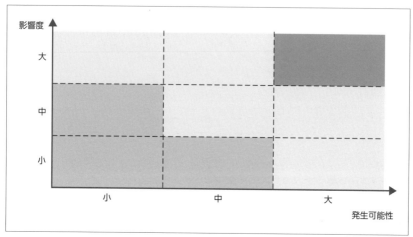

図2.3 ● リスクマトリクス

　リスクとは現在の状態（As Is）とあるべき状態（To Be）のギャップ（差）であり、その大きさは影響度と発生可能性によって決定されます。また、リスクは特定の分野に限定されず、かつ組織体のさまざまな階層で生じるものです。リスクを正しく理解することはリスクマネジメントの出発点となります。ここで説明した内容をしっかりと理解して、次に進みましょう。

2.2

管理対象のリスク

リスクマネジメントの管理対象となるリスクは多岐にわたります。ここでは、リスクマネジメントでどのようなリスクを管理の対象とするのかを見てみましょう。

2.2.1 業種・業務によって異なる対象

企業が管理すべきリスクには、画一的なフレームワークや対象といったものは存在しません。リスクは多種多様で、深刻なものから軽微なものまで存在します。企業が属している業種、またその企業がどのような業務に関するリスクを管理したいかによって、対象となるリスクは変わります。同じ業種や業務であっても、関連会社の有無や海外での事業展開の有無など、環境の違いによって管理すべきリスクも異なります。

では、実際の企業がどのようなリスクをマネジメントしているのかを見てみましょう。上場企業であれば、企業がどのようなリスクを認識し、マネジメントの対象としているのかを有価証券報告書▼の「事業等のリスク」で確認することができます。なお、有価証券報告書での「事業等のリスク」の記載方法には決まりがなく、各社で記載内容や記載フォーマットは異なります。

用語 **有価証券報告書**：上場企業や一定の条件（資本金5億円以上かつ株主数が1000名以上など）に該当する企業は、金融商品取引法に基づき、有価証券報告書の提出が義務づけられている。有価証券報告書には、企業の概況（企業の沿革、事業内容など）、事業の状況（経営方針、経営課題、事業等のリスクなど）、設備の状況（設備投資等の概要）、提出会社の状況（株式の総数、株価の推移、コーポレートガバナンスの状況、役員の報酬など）、経理の状況（連結財務諸表など）といったものが掲載されています。

　まず、株式会社エヌ・ティ・ティ・データの有価証券報告書に記載されている「事業等のリスク」を見てみましょう。

　エンジニアリング会社ということもあり、情報セキュリティやシステム障害、システム構築のリスクを特に重要なリスクとして認識している点が特徴的です。また、コンプライアンスのリスクを特に重要なリスクとして認識しているのは、同社が業界での知名度が大きく、法令違反などの不祥事が発生した場合には風評を大きく落とすことが売り上げの低下などに直結すると考えていることを示しています。重要なリスクとして、過半数の株式を保有する親会社が自社の利益を優先することで同社の利益を損なうリスクがある、としている点も特徴的です。

表2.1 ● 株式会社エヌ・ティ・ティ・データの「事業等のリスク」

特に重要なリスク	重要なリスク
情報セキュリティに関するリスク	技術革新に関するリスク
コンプライアンスに関するリスク	人材確保に関するリスク
システム障害リスク	価格低下圧力に関するリスク
システム構築リスク	競争激化に関するリスク
	知的財産に関するリスク
	社会・制度の変化に関するリスク
	大規模災害や重大な伝染病に関するリスク
	親会社の影響力

出所：株式会社エヌ・ティ・ティ・データ 有価証券報告書（第30期）
https://www.nttdata.com/jp/ja/ir/library/asr/

　次に、日本オラクル株式会社の「事業等のリスク」を見てみます。株式会社エヌ・ティ・ティ・データと比べ、関連会社に関するリスクや間接販売のリスクを認識している点が特徴的です。

　説明に多くのページを割いている関連会社に係るリスクの内容を見てみると、製品やその技術を親会社に強く依存していること、売り上げに対して設定されるロイヤリティの設定に利益が大きく影響を受けること、管理事務や会計処理などをグループのシェアードサービスに依存していることなど、ビジネスの根幹の多くを関連会社に頼っていることが同社にとって大きなリスクとなっていることがわかります。

　間接販売のリスクは、同社が製品販売のチャネルを外部のパートナー企業に大きく依存していることを示しています。これは同じIT企業であっても株式会社エヌ・ティ・ティ・データとは販売に対するビジネスモデルが異なることを示しています。

　システム障害、競争の激化、情報管理、法的規制、人的資源などは両社でともに認識されており、これらは業界に共通するリスクであることがわかります。

表2.2 ● 日本オラクル株式会社の「事業等のリスク」

リスク (大項目)	リスク (中項目)
オラクル・コーポレーションとの関係	オラクル・コーポレーションの製品・技術への依存
	ロイヤルティの料率および適用範囲の変更の可能性
	Shared Service Center (シェアードサービスセンター) との関係
	自然災害等によるシステム障害
特定の売上セグメントへの依存	-
間接販売 (パートナーモデル) への依存	-
プロジェクトの管理	-
クラウド事業等の運営	-
競争激化の可能性	-
金融商品に係るリスク	-
将来の企業買収・合併	-
情報管理	-
法的規制等	-
人的資源	-

出所：日本オラクル株式会社 有価証券報告書 (第33期) より抜粋
https://www.oracle.com/jp/corporate/investor-relations/sec.html

　2つの事例を見てもわかるように、企業が管理対象と考えるリスクは多様であり、何か唯一の正解といったものは存在しません。また、企業の状況や取り巻く環境の変化によって、管理対象のリスクも変化します。どのようなリスクを管理対象とするかは、こういった変化を適時に把握し、リスクマネジメントに反映をしていくことが重要になります。決して、管理対象をいったん決めてしまったら終わりというもので

はなく、不断の見直しが必要になる点に注意しましょう。

2.2.2 金融業のリスクカテゴリ

　伝統的なリスクマネジメントが保険業界を発祥として発展してきたことからもわかるように、金融業はリスクマネジメントが最も普及し、実践されている業界です。金融業のリスクカテゴリは、金融庁が業態ごとに定めている金融検査マニュアルや事務ガイドラインに設定されています。これらのマニュアルやガイドラインは金融庁のホームページで一般に公表されていますので、興味のある方はホームページを確認してみてください[2]。

　ここでは例として、銀行業向けのガイドラインである「金融検査マニュアル（預金等受入機関に係る検査マニュアル）」（以下、金融検査マニュアル）を見てみましょう。金融検査マニュアルは、金融庁の検査官が金融機関を検査する際の手引きとして位置づけられています。一方、金融機関はこのマニュアルに沿ってリスク管理態勢を構築・運用しており、金融機関にとってはリスク管理のガイドラインとして利用されています。

　リスクマネジメントに関するものは、金融検査マニュアルの中の「リスク管理等編」に整理されています。「リスク管理等編」の目次を以下に示します。

金融検査マニュアルの「リスク管理等編」の目次（抜粋）

法令等遵守態勢の確認検査用チェックリスト

顧客保護等管理態勢の確認検査用チェックリスト

統合的リスク管理態勢の確認検査用チェックリスト

自己資本管理態勢の確認検査用チェックリスト

信用リスク管理態勢の確認検査用チェックリスト

【2】　金融検査マニュアル関係（金融庁）
　　　https://www.fsa.go.jp/common/law/manualLink.html
　　　事務ガイドライン（金融庁）
　　　https://www.fsa.go.jp/p_fsa/guide/guide-j.html

資産査定管理態勢の確認検査用チェックリスト

市場リスク管理態勢の確認検査用チェックリスト

流動性リスク管理態勢の確認検査用チェックリスト

オペレーショナル・リスク管理態勢の確認検査用チェックリスト

(別紙1) I.　経営陣による事務リスク管理態勢の整備・確立状況

　　　　II.　管理者による事務リスク管理態勢の整備・確立状況

　　　　III. 個別の問題

(別紙2) I.　経営陣によるシステムリスク管理態勢の整備・確立状況

　　　　II.　管理者によるシステムリスク管理態勢の整備・確立状況

　　　　III. 個別の問題

(別紙3) その他オペレーショナル・リスク管理態勢の整備・確立状況

出所：金融検査マニュアル（預金等預入機関に係る検査マニュアル）より抜粋
https://www.fsa.go.jp/manual/manualj/yokin.pdf

　金融検査マニュアルに記載されているリスクには金融業固有のリスクカテゴリが多いのですが、金融業以外でも活用できるリスクカテゴリもあります。たとえば、法令等遵守、顧客保護、オペレーショナルリスクはどの業態にも共通するリスクカテゴリです。

　ここでオペレーショナルリスクについて補足しておきましょう。オペレーショナルリスクそのものは、金融機関の自己資本比率の算定に係るリスク対応を主に規定しています。ただし、金融検査マニュアルには別紙があり、別紙1では「事務リスク管理」について、別紙2では「システムリスク管理」について、別紙3では「その他オペレーショナル・リスク管理」に係るリスク対応を規定しています。

　これらのリスクは、金融検査マニュアルの中で次のように定義されています。

> " 事務リスクとは、役職員が正確な事務を怠る、あるいは事故・不正等を起こすことにより金融機関が損失を被るリスクをいう "

> " システムリスクとは、コンピュータシステムのダウン又は誤作動等、システムの不備等に伴い金融機関が損失を被るリスク、さらにコンピュータが不正に使用されることにより金融機関が損失を被るリスクをいう "

> " その他オペレーショナル・リスクとは、当該金融機関がオペレーショナル・リスクと定義したリスクのうち、事務リスク及びシステムリスクを除いたリスクをいう "

「その他オペレーショナル・リスク」では、法務リスク、人的リスク、有形資産リスク、風評リスク、危機管理に係るリスク対応が規定されています。

法令等遵守、顧客保護、事務リスク、システムリスク、法務リスク、人的リスク、風評リスク、危機管理などは業態でも存在するリスクです。そのため、これらのリスクカテゴリはどの業態にも共通するものであり、金融業以外の会社でも金融検査マニュアルに記載されている内容を活用することができます。

金融検査マニュアルでは、各リスクについて経営陣が対応するもの（各マニュアルのI.の部）、管理者が対応するもの（各マニュアルのII.の部）、現場で対応する個別の問題点（各マニュアルのIII.の部）に分けて規定しています。経営陣、管理者、現場の担当者と、それぞれの組織階層で対応すべき事項を検討する際には金融検査マニュアルを議論のスタートとして利用できます。

2.3

リスクの評価とコントロール

本節では、リスクマネジメントの最も重要な要素である、リスクの評価とコントロールについて学びましょう。リスクとコントロールの関係を正しく理解すれば、実効性のあるリスクマネジメントを行うことができます。リスクマネジメントの根幹と言える部分ですので、まずはそれぞれしっかりと理解しましょう。

2.3.1 固有リスク

リスクマネジメントでは、固有リスクと残余リスクという2つのリスクに関する概念が登場します。ここではまず、固有リスクについて説明します。

固有リスクとは、特定の業務やプロセスにおいて、何もコントロールを実施しない場合に生じるリスクを指します。この説明だけでは簡潔すぎるので、プログラム開発を具体例として説明していきます。

プログラムを開発し実装する場合、各工程ではどのようなコントロールが行われるのでしょうか？ 通常、開発工程は、大まかに以下のようになります。

1. 要件定義
2. 基本設計
3. 詳細設計
4. コーディング
5. テスト
6. リリース判定

最初にプログラム開発が決定すると、業務要件やシステム要件を定義し、これ

らを明文化した「要件定義書」を作成します。要件定義書を関係者でレビューし承認することで、誤った要件を定義してしまうリスクをコントロールできます。

　要件定義書が完成すると、次にプログラムを作成する際の基礎となる「基本設計書」および「詳細設計書」を作成します。要件定義書と同様に、これらの設計書も関係者でレビューし承認することで、要件定義と異なる設計書を作成してしまうリスクをコントロールできます。

　基本設計書および詳細設計書が完成すると、エンジニアは設計書に従ってコーディングを行います。エンジニアはコーディングを実施する中で、設計書に定められた要件や条件を満たしているかをエンジニア自身でチェックを行います。ここでは、設計書と異なるプログラムを作成してしまうリスクをコントロールしていると言えます。

　コーディングが終了すると、テストの専門家であるQA（品質管理）担当者によってテスト（QAテスト）が実施されます。実施するテストはプログラムが担う機能や重要度などによって異なりますが、詳細設計書をもとにした「単体テスト」、基本設計書をもとにした「結合テスト」が実施されます。これらのテストでは、実際に作成されたプログラムが設計書の仕様どおりに動作しないリスクをコントロールしています。また、場合によっては要件定義書に基づいてエンドユーザーが実施する「ユーザーテスト」を実施することがありますが、ここでは要件定義や設計書の仕様どおりにプログラムが動作しないリスクをコントロールします。

　これらすべての工程が完了すると、リリース可否の判断を行うための「リリース判定」（「検収」とも言います）を行います。ここでは、上記で触れたようなコントロールが実施されているかの確認を含め、プログラムのリリースに必要な対応や準備が完了していることを確認し、責任者による「リリース承認」が行われます。ここでのコントロールは、これまで述べたコントロールが実施されず、要件を誤って定義してしまうリスク、誤ったプログラムを作成してしまうリスク、プログラムが設計書の仕様どおりに動作しないリスク、要件定義で定めた仕様どおりにプログラムが動作しないリスクを総合的にコントロールしていると言えます。

　これら各工程のリスクと、実施されているコントロールを図に示すと**図2.4**のよ

うになります。コントロールがまったくなければ、**図2.5**に示したようなリスクが各工程でそのまま発生することになります。このように、コントロールをまったく行わない場合に生じるこれらのリスクが「固有リスク」です。固有リスクに対して何のコントロールも行われない場合、正しく動作しないプログラムがリリースされる可能性が極めて高くなります。

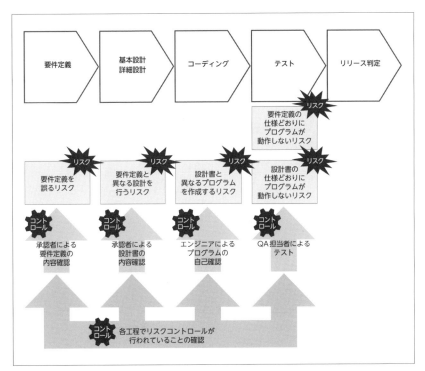

図2.4 ● 各工程のリスクとコントロール

2.3.2 固有リスクの洗い出しと評価

　次に、固有リスクの洗い出しと評価について考えてみましょう。これは誰が実施すべきかと言えば、それぞれの固有リスクに一番詳しい人員がその評価を実施するのが最適です。**図2.5**の例では、各工程の作業を実際に担当している実務者が、

実務を通じて組織の各工程に潜む固有リスクを最も把握しているためです。

　リスクの専門家である外部のコンサルタントに依頼して、固有リスクの洗い出しと評価を実施することもあります。専門家は評価対象の業界や作業などに共通して存在する固有リスクに深い知見がある一方、組織固有の体制や手続きなどに起因する固有リスクには知見がありません。そこで、専門家によるリスク評価を実施する場合は、各工程の実務者へのインタビューを実施したり、関連資料を入手して確認したりすることで組織固有の固有リスクの洗い出しと評価を実施するのが一般的です。

　手順としては、まず組織内の実務者で固有リスクの洗い出しと評価を実施します。このとき、洗い出しや評価に慣れていない場合や、広く業界や作業に共通するリスクとして潜在している固有リスクまで洗い出しおよび評価を実施したい場合には、専門家を利用することを検討してもよいでしょう。

　次に、これら固有リスクの洗い出しや評価はどのようにして実施するのでしょうか。リスクの洗い出しや評価については**図2.5**のようにさまざまな手法があり、これがスタンダードといったものはありません。

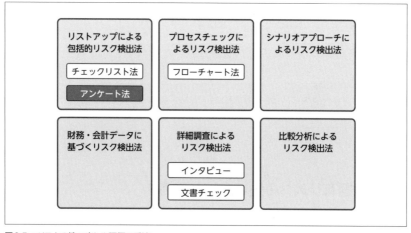

図2.5 ● リスクの洗い出しや評価の手法

各手法について簡単に説明しておきましょう。

- **リストアップによる包括的リスク検出法**：リスクの専門家や業務に精通した人があらかじめ確認したい事項を洗い出し、これを関係者に確認することでリスクを検出する方法です。チェックリスト法、アンケート法といった手法があります。

- **プロセスチェックによるリスク検出法**：業務プロセスをフローチャートで洗い出すことで、プロセス内のリスクを検出します。「フローチャート法」とも呼ばれます。

- **シナリオアプローチによるリスク検出法**：特定の業務シナリオやイベントを設定し、これらが発生した際にどのような事態が生じるかを洗い出して、リスクを検出する方法です。

- **詳細調査によるリスク検出法**：インタビュー、文書チェックなどの手段を用いてリスクを検出します。

- **財務・会計データに基づくリスク検出法**：財務・会計の不芳なデータ（業績不振・倒産など）を分析することで、その値を生じさせるリスクを検出する方法です。

- **比較分析によるリスク検出法**：同業他社と自社の業務プロセスなどを比較することでリスクを検出する方法です。

どのリスク検出法を採用するかは、リスクの洗い出しや評価の目的や作業にあてられる時間やリソースなどに応じて決定します。

■ プロセスチェックによるリスク検出法

本書ではプロセスチェックによるリスク検出法について説明します。この検出法では、フローチャートに沿ってリスクを評価していきます。まず、要件定義工程（プロセス）を書き出します。**図2.6**を見てください。

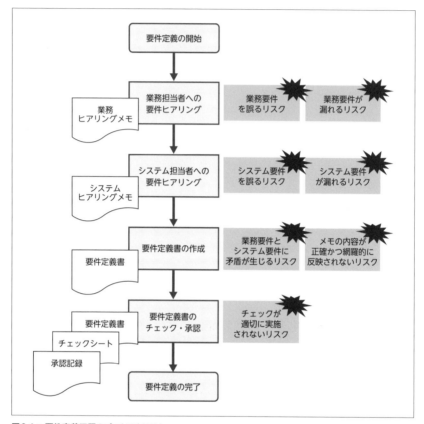

図2.6 ● 要件定義工程のプロセスとリスク

　このように、プロセス内で実施する作業を書き出し、フローチャートにすることで全体を可視化します。可視化をしたら、各作業に潜在する固有リスクを検討し、洗い出しを行います。**図2.4**では「要件定義を誤るリスク」とひとくくりにしていましたが、**図2.6**のように作業単位で固有リスクを検討してみると、要件定義の誤りを生じさせるという固有リスクが、あらゆる作業に内在している固有リスクから発生することがわかります。

　プロセスチェックによるリスク評価の良い点としては、フローチャートに書き出すことで固有リスクを網羅的に洗い出すことができることです。注意すべき点もあ

ります。書き出したプロセスに準拠しない例外的な作業が発生する場合には、この方法で固有リスクを網羅的にカバーできません。例外的な作業を実施した場合に問題が発生してしまうことがよくあるため、例外的な作業の有無については注意する必要があります。

■ リスクマップ

リスクの大きさは、リスクの影響度と発生可能性（発生頻度）で評価するのが一般的です。**リスクの影響度**とは、そのリスクが発生した場合、どの程度の問題が発生するかという度合いです。影響度を測定するための特定の指標はなく、目的に応じてそれぞれに適した基準が用いられます。たとえば、リスクによって生じる損失金額、システムの停止時間などの指標があります。

リスクの発生可能性は、そのリスクがどの程度の頻度や確率で発生するかという度合いです。これも同様に特定の指標はありませんが、特定処理の母数に対するエラー件数、特定期間におけるエラーの発生件数などの指標があります。

こうやって影響度と発生可能性を評価したリスクは、**図2.7**のようなリスクマップを作成して可視化します。リスクマップにリスクをプロットすることで、優先して対応すべきリスクを検討しやすくなります。

リスクマップの右上の領域にプロットされるリスクは影響度が大きく、かつ発生可能性も高いリスク（ハイリスク）となり、最も対応を優先すべきリスクとなります。右下の領域にプロットされるリスクは影響度が小さいが発生頻度が高いリスク（日常的に発生）、左上の領域にプロットされるリスクは影響度が大きいが発生頻度が低いリスク（発生は偶発的）になります。これらのリスクについては右下の領域にプロットされたリスクは頻度が高いため目立ちやすく優先して対応しがちですが、左上の領域にプロットされたリスクは発生頻度が低くても発生した際の影響度が大きいため、この領域のリスクについても内容を把握したうえで優先度を設定します。左下の領域のリスクは影響度が小さく発生頻度も小さいリスク（ローリスク）になるため、優先度は最も低いリスクとなります。

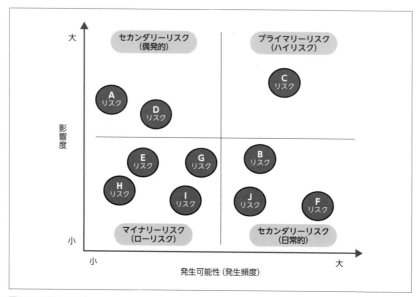

図2.7 ● リスクマップ

　固有リスクの評価は、プロセスチェックによるリスク評価を行うことでリスクを網羅的に洗い出すこと、洗い出したリスクは影響度と発生可能性によってリスクマップにプロットすることで、リスクに対応の優先順位をつけることが重要となります。

■ 現在の状態とあるべき状態のギャップによるリスク

　今度は、別の視点からリスクの評価について考えてみましょう。リスクは現在の状態（As Is）とあるべき状態（To Be）のギャップと捉えることもできると、2.1.1項で説明しました。

　リスク評価の現場では、人によって現在の状態やあるべき状態の評価に差が生じることがよくあります。システム運用業務を例に挙げると、現在の状態はオペレーションミスが多発して現状の品質に問題があると現場が評価したにもかかわらず、経営者の評価では現状のオペレーション品質には問題がないと判断するようなケースです。また、オペレーションのあるべき状態として、どの水準を目指すのかといった場合に、現場と経営者で評価が異なるケースもあります。

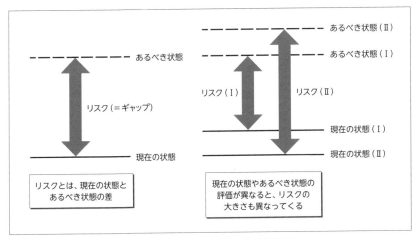

図2.8 ● 現在の状態（As Is）とあるべき状態（To Be）のギャップによるリスク

　こういったケースでは、現在の状態の評価については現場の評価を信頼するのが原則です。現在の状態は実際に業務を担当している担当者がやはり一番よくわかっているため、評価に差異が発生している場合には経営者が現場の状況を正しく把握できているか確認しましょう。あるべき状態については組織としてどこを目指すのか、といった問題になるため、担当者や経営者など、関係者を交えて議論をして結論を出すことが必要になります。ここで特に気をつけなければならないのが、組織の成熟度や人員のスキルなどを無視して闇雲に理想の状態を目指さないことです。志を高く持つことは大切ですが、改善はステップバイステップで実施していくのが基本です。次のステップとしてどの状態であれば目指せるのか、を見極めたうえであるべき状態を設定しましょう。

2.3.3 リスクコントロールの評価

　固有リスクの評価が終わると、次はリスクコントロールの評価を行います。固有リスクは2.3.1項で説明したように、何もコントロールを実施しない場合に生じるリスクです。固有リスクに対してコントロールを実施することで、リスクを許容可能なレベルまで軽減します。リスクに対して実施するコントロールは、4つのパターン

があります（**図2.9**）。

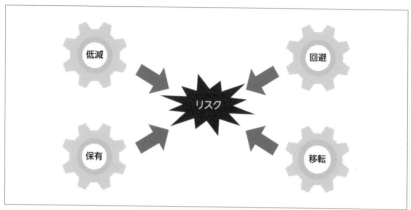

図2.9 ● コントロールの4つのパターン

■ 低減

　低減とは、リスクに対してコントロールを実施することで、リスクの発生可能性や影響度を下げることです。コントロールというと一般的にはこの低減を指していることが多く、**図2.4**で示したコントロールはいずれも低減のためのコントロールになります。低減のコントロールで検討しなければならないのは、コントロールの導入にかかるコストとリスクの低減によるメリットを比較して、コストがメリットを上回るような状態にならないようにコントロールのバランスをとることです。

　たとえば、**図2.4**のQA（品質管理）担当者によるテストという低減のコントロールをすべてのプログラム開発に実施した場合を考えてみましょう。

　仮に1回のQAテストに0.1人月のコストが必要とした場合、月に100件のプログラムが開発されるとするとQAテストに必要なコストは10人月にもなります。しかし、プログラムはゼロから新規に開発されるもの、稼働実績のある既存のプログラムをベースに開発するもの、既存のプログラムの軽微な修正のようにさまざまな種類があり、各プログラムが誤作動や停止などを引き起こすリスクも異なります。こういった異なるリスクのものに対して均一にQAテストを実施することは効率的ではなく、場合によってはコントロールにかかるコストがQAテストを実施することに

よるメリットを上回るケースも発生します。

このため、通常はあらかじめ高リスクと定義した開発プログラムのみを対象として QA テストを実施するようにします。あるいは、リスクの程度に応じて複数の QA テスト項目を定め、テストを実施するようにします。このように、リスクに応じたコントロールを実施するようにします。

● 保有

保有とは、影響度および発生可能性が低いリスクなどに対してコントロールを特に実施せず、許容範囲として固有リスクをそのまま受け入れることです。言い換えると、固有リスクにより生じる損害よりコントロールに必要なコストが上回る場合は、何もしないほうがトータルで考えると利益がある、ということです。

リスクマネジメントでは、費用対効果を考えて対応することが重要になります。存在する固有リスクに対して何もコントロールを行わないというのは一見問題を放置しているように見えるかもしれません。しかし、コントロールに費やすコストがリスクによって生じる損害を上回る場合には何もしないといった対応も立派なリスクコントロールです。

どのようなリスクでも発生する可能性をゼロにすることはできません。ゼロにできない以上、リスクの許容範囲を常に考えながらコントロールの要否や程度を考える必要があります。また、リスクを低減させるコントロールが存在しない場合には、結果として固有リスクを保有するという対応になることがあります。

● 回避

回避とは、リスクを生じさせる原因となる要因を停止または別の方法に変更することにより、リスクの発生する可能性を取り去ることです。最も端的な例は、リスクを発生させる業務そのものをやめてしまうことです。**図2.4**で説明したリスクはいずれもプログラム開発から発生するリスクですが、これはプログラム開発をしなければ発生しないリスクであるということもできます。つまり、プログラム開発をやめてしまえばリスクを回避できます。リスクとコントロールを考える場合に、そもそもそのリスクを生じさせる業務をどうしても実施する必要があるのかを改めて考え直し

てみることも大切だと言えます。

■ 移転

　移転とは、リスクを他の組織などへ移すことです。たとえば**図2.4**のプログラム開発の各工程の作業をITベンダーなどに委託すると、委託元である自組織はリスクの評価やコントロールを行う必要がなくなり、代わりに委託先のITベンダーがその対応を行います。プログラム開発業務を委託する場合、委託元は開発対象や納期等を定めた業務委託契約を委託先と締結します。契約の中ではプログラムを納品検収する際の品質に関する基準を定めたり、基準を遵守できなかった場合のペナルティを定めて、委託先で開発されるプログラムに対してリスクのコントロールが確実に行われるようにします。

　自組織の業務から生じるリスクに対して人員のリソースやスキルなどの問題からコントロールを十分に行うことができない場合は、外部の専門組織にその業務を委託するという方法も選択できます。また、リスクが金銭的な損失である場合は、自組織でリスクのコントロールを実施する代わりに保険をかけることでリスクが顕在化した場合の金銭的損失をカバーすることもできます。

　このように、リスクに対するコントロールには「低減」、「保有」、「回避」、「移転」という4つが存在します。リスクに対するコントロールと聞くと、とにかく低減させるというコントロールをイメージしがちですが、コントロールを何も行わないといった対応も立派なコントロールになり得ます。同様に、リスクを生じさせる業務や作業をやめることで回避するといった対応もコントロールとなります。また、外部の組織によってリスクを効率的かつ効果的にコントロールができる場合には、移転によって対応を図ることもできます。それぞれのコントロールの特性を理解して、場面に応じて適切なコントロールを選択するのが肝要です。

　これらのコントロールをどのリスクに適用すればよいかという目安をリスクマップで表現したものが**図2.10**になります。必ずしもこの図のとおりにコントロールを選択する必要はありませんが参考にしてみてください。

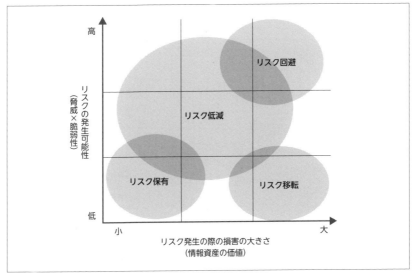

図2.10 ● リスクマップとコントロール

2.3.4 　残余リスクの評価

　残余リスクとは、固有リスクにコントロールを実施した結果、残存するリスクのことです。前項で学んだように、コントロールには低減、保有、回避、移転の4つのパターンがあります。これらのコントロールを実施したとしても、通常リスクはゼロにはならず、一定程度のリスクは残存することになります。

　図2.4の例で考えると、固有リスクに対するコントロールを実施するには、確認やテストをする人員、それら人員の作業を支援するための機器やツール、システムといったリソースが必要になります。コントロールを広くまたは深く実施しようとすればするほど、より多くのリソースを消費することになります。また、リソースの量に比例してコントロールに要する時間も多くなり、プログラムの開発からリリースまでの時間も長くなります。

　このように、コントロールにあてられるリソースや時間は実際には限りがあり、リスクをゼロに抑えるコントロールを実施することはできません。固有リスクとコン

トロール、残余リスクの関係を図示すると**図2.11**のようになります。

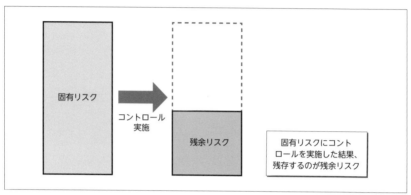

図2.11 ● 固有リスクとコントロール、残余リスクの関係

　残余リスクを評価するときにポイントとなるのが、残余リスクがその組織が**許容できるリスクレベル**より低く抑えられているかです（**図2.12**）。許容できるリスクの水準も、固有リスクの評価と同じように人によって捉え方は異なります。どのくらいリスクを許容できるのかは、評価対象の業務担当者であるメンバーを中心に関係者でよく協議をして決定する必要があります。

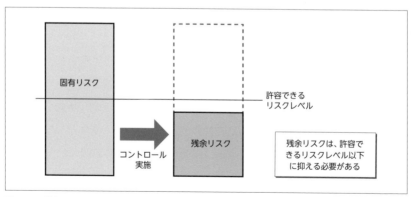

図2.12 ● 残余リスクと許容できるリスクの関係

　すでに固有リスクが許容できるリスクレベルを下回っている場合、このリスクはそのまま受け入れることができます。

　図2.4の例で考えると、エンジニアのプログラミング品質が高く、エンジニアによる自己確認を実施しない場合に設計と異なるプログラムの件数が許容値以下となっている場合、固有リスクの時点でリスクは許容できるレベル以下となっているため、このリスクを「低減」「回避」「移転」させるようなコントロールを実施する必要はありません。このようなケースでは、2.3.2項で説明した「保有」のコントロールを選択することになります。許容できるリスクの水準によっては「低減」ではなく「保有」というコントロールを選択する場合もあることに注意しましょう。

2.3.5 追加コントロールの検討

　前項では、固有リスクが許容できるリスクの水準を下回っている場合、「低減」「回避」「移転」させるようなコントロールを実施する必要ないと説明しました。逆に、固有リスクが許容できるリスクレベルを上回っている場合には、追加してコントロールを実施し、リスクを許容できるレベル以下に収める必要があります（**図2.13**）。

　追加コントロールを検討する際に注意すべき点は、追加コントロールによって生じるコストと追加コントロールによってもたらされるメリットとの費用対効果を考えることです。

　たとえば、**図2.4**のケースでQA担当者によるテストが有効に機能しており、リリース後のプログラムでのバグの発生件数は少なく、発生したバグも業務に致命的な支障をきたすようなものはほとんどないとします。このような場合に、エンジニアによるプログラムの自己確認を追加コントロールとして導入することは費用対効果の観点から考えて妥当でしょうか？

　さまざまな考え方がありますが、バグの発生件数が少なく、かつそれらが業務へ支障を生じさせないような程度のものであれば、このような追加コントロールは必要ないでしょう。エンジニアが自己確認の作業に時間を費やすより、より多くのプログラムを作成したり、プログラムの品質を上げるための作業に時間を割いたりし

たほうが、組織全体としては合理的な行動であるはずです。

　一方、エンジニアがプログラムの自己確認を実施することでプログラム品質が向上することは事実です。残余リスクをどこまで下げるかといったことや、費用対効果などを勘案して決定する必要があります。

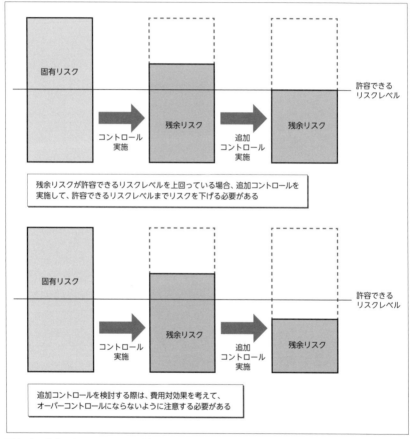

図2.13 ● 許容できるリスクレベルと追加コントロールの関係

2.3.6 評価結果の見直し

これまで説明してきた、固有リスクの評価、コントロールの評価、残余リスクの評価、追加コントロールの検討といった作業は、一度実施すれば終わりというものではありません。定期的または必要に応じて、これらの評価や検討は実施する必要があります。リスクマネジメントは、PDCAサイクルをもとにしたマネジメントシステムによる一連の活動となります。

図2.14に示すように、これまで説明してきた作業は、PDCAサイクルでいう「計画」（Plan）の活動になります。「計画」で定めた各種コントロールは、日々の業務活動に組み込まれ、リスクコントロールを「実行」（Do）していきます。リスクコントロールを実行していく中で、内部環境や外部環境の変化などによって計画段階で実施した評価や検討の内容に変化が生じた場合には、これらの評価・検討結果の見直し（「評価」：Check）が必要になります。再評価・再検討の結果を実施後、再評価後の新たな固有リスクや残余リスクを設定し、これらに基づき新たなコントロールを導入（「改善」：Action）します。

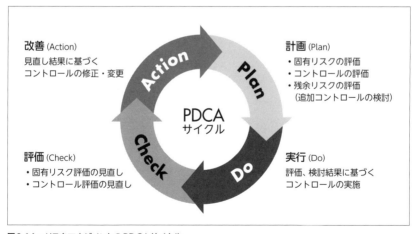

図2.14 ● リスクマネジメントのPDCAサイクル

● 外部環境と内部環境の変化

　通常、このPDCAサイクルによるリスクマネジメントサイクルは1年で実施します。これは、組織を取り巻く内外の環境変化に対応するためです。環境の変化により、これまで説明してきた固有リスクの大きさやコントロールの効果、これらに伴う残余リスクの大きさなどは変化します。そのため、定期的にこのPDCAを実施することでその時の組織に適したリスクマネジメントを実施することが可能になります。

　外部環境の変化の例としては、システム開発やシステム運用などの外部委託先の変更が挙げられます。自組織の業務を外部に委託するということは、リスクコントロールで説明をしたリスクの「移転」に該当します。システム開発やシステム運用に係るリスクマネジメントは外部委託先が実施します。このとき、新たな外部委託先が十分な体制やノウハウなどを持っていない場合、リスクコントロールが十分に行われなくなる可能性があります。外部委託先そのものが変更となった場合は当然ながら、外部委託先の担当部署や責任者などが変更となった場合にも、状況に応じてこれらの変更がリスクマネジメントに与える影響の有無について検討する必要があるでしょう。

　なお、このような外部委託先に対する評価・検討結果の見直しは、アンケートの実施または内部監査部門による外部委託先監査によって実施します。どちらの手法を採用するか、またそれらをどのような頻度で実施するかについては、外部委託先に委託をしている業務の重要度などを判断して決定します。

　内部環境の変化の例としては、技術の進歩によるリスクの変化が挙げられます。オンプレミス環境からクラウド環境への移行などは、まさにこのケースです。クラウドサービスでは複数のデータセンターにアプリケーションやデータが配置されていたり、リクエストの処理量に応じてインスタンスがタイムリーに拡張できたり、一般的にオンプレミスと比べてサービスの可用性に係るリスクは低くなります。

　あるいは、SaaSのようなアプリケーション部分のサービス提供を受ける場合、ミドルウェアやOSに対するパッチの適用やOSの更新などはクラウドサービス事業者の判断や対応に依存せざるを得ず、オンプレミスのように自組織で自由にコントロールできず、場合によってはこれがリスクとなる可能性があります。

このような外部環境、内部環境による変化の有無は定期的に評価することに加え、もしこれらの変化が生じていることを具体的に把握した場合には、その都度評価をすることがより好ましいでしょう。都度評価をすることで、適時適切なリスクマネジメントを実施することができます。

2.4

リスクマネジメントの体制

リスクマネジメントを実施するために、組織にはどのような体制が必要でしょうか。ここでは、3線管理（3 Lines of Defense）と呼ばれる体制を見てみましょう。

2.4.1　3線管理（3 Lines of Defense）

　3線管理（3 Lines of Defense）の体制を図2.15に示します。3線管理は名前が示すとおり、組織内に3つの管理部門を設置し、これらを相互に機能させてリスクマネジメントを実施していくという考え方です。COSOをはじめ、金融庁やバーゼル銀行監督委員会▼などの団体で3線管理によるリスクマネジメントを推奨していることから、大企業や金融機関などではこの3線管理によるリスクマネジメント体制を構築しています。

　では、3線管理によるリスクマネジメント体制とはどのようなものでしょうか？　3線管理では、第1線（現場部門）、第2線（リスク管理部門）、第3線（内部監査部門）の3つの部門によりリスクマネジメントを実施します。

　第1線とは、組織のフロント業務を行う現場部門です。具体的には、システム開発部門、システム運用部門、営業部門などが該当します。第1線である現場部門の

用語　**バーゼル銀行監督委員会（Basle Committee on Banking Supervision）**：通称「バーゼル委員会」。名前の由来は、1974年にスイスのバーゼルで創設されたことから。国際決済銀行（BIS）に事務局を置き、先進国および主要な地域の金融監督当局や中央銀行総裁などから構成される。主な活動として、自己資本比率規制の策定がある。1988年に導入されたものは「バーゼルⅠ」と呼ばれ、2007年にリスク管理を強化したものは「バーゼルⅡ」、金融危機の防止を目的とした改訂版は「バーゼルⅢ」と呼ばれている。

役割は、自部門のリスクを把握し、管理することです。フロント業務を行う各部門にどのようなリスクが存在しているかは、その部門が最もよく理解しています。そのため、それらのリスクを把握するには現場部門が最適な部門であり、第1線としてリスクの把握を行います。2.3.5項で説明したリスクマネジメントのPDCAサイクル（「計画」、「実行」、「評価」、「改善」）は、第1線で実施されます。

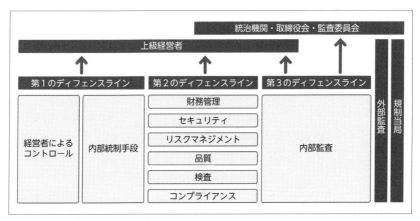

図2.15 ● 3線管理によるリスクマネジメント体制
出所：以下の文書を元に作成。
3つのディフェンスライン全体でのCOSOの活用（日本内部監査協会）
http://www.iiajapan.com/pdf/data/cbok/201510.pdf
Leveraging COSO Across the Three Lines of Defense（COSO）
https://www.coso.org/Documents/COSO-2015-3LOD.pdf

　第2線では、第1線の部門で実施されるリスクマネジメントのPDCAサイクルをモニタリングします。金融機関の場合は、金融業に係るリスクを所管する部門が相当し、具体的には「リスク管理部」といった専門部門を通常設置します。その他のリスクを所管する部門としては、「コンプライアンス部門」「法務部門」「財務経理部門」などがあり、それぞれのリスクに対応します。なお、コンプライアンス部門、法務部門、財務経理部門は、金融機関以外の組織でも通常設置される部門になります。これら第2線のリスク管理部門は前述のリスクマネジメントのPDCAサイクルをモニタリングすることで、第1線によるリスクコントロール状況を把握・評価します。第1線で実施しているリスクコントロールに課題や問題があると認めた場合、

リスク管理部門は改善のために第1線の部門に対して助言や指導を行います。

　第3線では、第1線によるリスクマネジメントのPDCAサイクルの実施状況や第2線によるモニタリング状況を検証することで、組織体全体のリスクマネジメント態勢が有効に機能をしているか、リスクマネジメントに関わる課題や問題が生じていないかといったことを独立した第三者の立場で評価します。組織の内部監査部門がこの第3線に該当します。

　リスクの評価結果は第3線から組織体の経営層へ報告され、経営陣による経営判断が行われる際の判断材料となります。場合によっては、後述する外部監査や監督官庁による検査もこの第3線の機能を担うことがあります。

　これら3つの管理部門がそれぞれの機能を果たすことで、組織体としてのリスクマネジメントが有効に機能します。この3線管理で注意が必要なのは、このモデルのように3つの管理部門を必ず設置しなければならないということはないという点です。3線管理によるリスクマネジメント態勢を構築している組織が多くある一方で、組織によっては第2線の機能を第1線の部門内に持たせたり、第1線が担うリスクマネジメントのPDCAサイクルの機能を第2線に持たせたりする場合もあります（後述しますが、第3線には第3線以外の機能を持たせることはできません）。重要なのは前述の3つの管理部門を形式的に組織内に設置することではなく、3つの部門が担う機能を組織体として漏れなく取り込み、組織体としてのリスクマネジメントを有効に機能させることです。

　第1線から第3線までの部門が実施する活動について、事例を交えながら次項以降で確認してみましょう。

2.4.2　第1線（現場部門）

　第1線の例として、システム開発部門およびシステム運用部門におけるリスクの把握や管理を考えてみましょう。

■ システム開発部門の例

　システム開発部門で実施するリスクマネジメントの対象として、「開発品質の管

理」があります。システム開発でバグが発生した場合、最初に対応すべきことは発生したバグへの対応です。一方、リスクマネジメントの観点からは、バグが発生した原因を分析し、同様のバグや類似のバグが再度発生しないよう、対策を実施する必要があります。この場合、システム開発部門はバグが発生した原因の分析と原因に応じた対策を実施します。

　システム開発部門では、リスクマネジメントのPDCAサイクルの「計画」の作業として、リスクとコントロールの評価を行います。具体的には、バグがどういった原因によって発生したのか分析します（原因分析）。開発の過程でバグが発生する原因は、前掲の**図2.4**にあるように複数あります。原因を特定したあとは、その原因がルールの未整備や不足によるものなのか、ルールは整備されていたがルールどおりに運用されていなかったのかを切り分けます。前者の不備は**整備状況の不備**、後者の不備は**運用状況の不備**と言います。リスクコントロールが有効に機能していない場合の原因は、整備状況の不備と運用状況の不備に大別できます。

　不備の特定ができたら、リスクマネジメントのPDCAサイクルの「実行」の作業として、不備に応じたコントロールを実施します。整備状況の不備であれば、バグの発生したプロセスに関係するマニュアルの作成や更新が必要です。運用状況の不備であれば、作成されているマニュアルの内容が十分にエンジニアに理解・浸透していない可能性が考えられるため、マニュアル内容の再周知や再教育などが必要になります。バグを防止するためのプロセス自体（たとえば、エンジニアによる自己確認など）が存在しなかったと考えられる場合は、マニュアルの整備や運用の周知・教育など、両方の対応が必要となります。

　原因の特定と対策ができたら、リスクマネジメントのPDCAサイクルの「評価」の作業として、対策による効果測定を行います。たとえば次のようなものです。

- コントロールの実施によってバグ自体の件数が減少しているか
- 対策後に発生したバグが、同じ原因で再度発生していないか

バグが減少したり、同じ原因でバグが発生したりしていないようであれば、実施した対策に効果があったと評価できます。逆に、バグが減少しなかったり、同じ原

因でバグが継続したりしているようであれば、実施した対策に効果がなかったと考えられます。

　リスクマネジメントのPDCAサイクルの「改善」では、実施した対策の見直しが必要となります。効果のなかった対策はその内容の変更や新たな対策を実施します。変更した対策や新たな対策は実行され、「評価」で再度その効果を評価することになります。

　このように、システム開発部門はリスクマネジメントのPDCAサイクルに則り、第1線としてリスクとコントロールの「計画」、「実行」、「評価」、「改善」の作業を実施します。

● システム運用部門の例

　次に、システム運用部門におけるリスクの把握や管理を考えてみましょう。

　システム運用部門で実施するリスクマネジメントの対象のひとつとして、システム障害の管理があります。システム障害が発生した場合にまず対応すべきことは発生しているシステム障害の復旧作業ですが、リスクマネジメントの観点ではシステム開発と同様に、システム障害が発生した原因を分析し、同様のシステム障害や類似のシステム障害が再度発生しないよう、対策を実施する必要があります。システム運用部門は、発生したシステム障害に対するリスクマネジメントとして、原因分析を行います。

　システム運用部門は、リスクマネジメントのPDCAサイクルの「計画」での作業として、リスクとコントロールの評価を行います。具体的には、これまで発生したシステム障害がなぜ発生したのかという原因分析を行います。システム障害の原因は多岐にわたり、技術的な部分ではネットワーク、ハードウェア、ソフトウェアなどの原因によりシステム障害は発生します。システム運用者やシステムの利用者によるオペレーションミスによってもシステム障害は発生します。システム障害の原因を分析する際に重要なのは、技術面の原因分析だけではなくオペレーションミスが原因となっている部分も分析をすることです。また、システム障害の分析においても、オペレーションミスが整備状況の不備と運用状況の不備のどちらが要因と

なっているのかを判別します。

　不備の特定ができたら、リスクマネジメントのPDCAサイクルの「実行」の作業として、不備に応じたコントロールを実施します。技術的な原因については、判明した原因に対する技術的な対策を講じることが重要です。原因の特定が困難な場合には、同様の原因によるシステム障害が再発するまでは監視状態のまま、対策を実施しないこともあります。

　オペレーションミスの場合、その原因がマニュアルの整備が不十分なのであれば、不足する部分のマニュアルを作成して関係者へ周知するようにします。また、運用状況の不備なのであれば運用方法について再度周知するとともに、システム面での対応ができる余地があれば、その対応も実施します。たとえば、想定外のオペレーションに対してはシステム側で実行できないようにする機能を追加したり、重要なオペレーションを実施する場合には確認を促す表示を出したりする、などの対応が考えられます。

　実施したコントロールは、リスクマネジメントのPDCAサイクルの「評価」の作業として効果測定を行います。技術的な原因およびオペレーションミスに関する対策を実施した場合は、同じ原因によるシステム障害が再発していないか確認します。再発している場合には、実施した対策が有効に機能していない可能性が高いと言えます。

　改善が必要な場合には、リスクマネジメントのPDCAサイクルの「改善」の作業として、実施した対策の見直しが必要となります。効果がなかった対策はその内容の変更や新たな対策を実施します。変更した対策や新たな対策は実行され、評価段階で再度その効果を評価することになります。

　システム運用部門もシステム開発部門と同様に、リスクマネジメントのPDCAサイクルに則り、第1線としてリスクとコントロールの「計画」、「実行」、「評価」、「改善」の作業を実施します。

　本項では、システム開発部門とシステム運用部門を例にとって説明しました。第1線の部門は前節で説明したリスクマネジメントのPDCAサイクルの活動を実施します。リスクマネジメントの主体はこの第1線であると言えます。

2.4.3 第2線 (リスク管理部門)

　第2線は、第1線が実施するリスクマネジメントのPDCAサイクルが問題なく機能しているかをモニタリングし、「評価」、「改善」を行う部門です。大企業や金融機関であればこの第2線を所管する専門部署を設置している場合が多いでしょう。その他の企業では、第2線に該当する部署を明確に設置していないかもしれません。企業によっては、第1線の部署の中でこの第2線の業務を担当する役職員を設置することで対応していることもあります。

　第2線のリスク管理部門として設置される組織の例として、まず日々の事務作業やシステム開発・運用といったいわゆるオペレーショナルリスクを所管するリスク管理部があります。その他組織が管理するリスクに応じ、法律に関わるリスク（法務リスク）を所管する法務部やコンプライアンス部、財務に関わるリスク（財務リスク）を所管する財務経理部、情報セキュリティやサイバーセキュリティに関わるリスクを所管するセキュリティ部といった部門も通常設置されます。

　これらのリスク管理部門が行うモニタリングには、一般的に2つの方法があります。オンサイトモニタリングとオフサイトモニタリングです。

■ オンサイトモニタリング

オンサイトモニタリングとは、第1線が実施するリスクマネジメントのPDCAサイクルの中で行われている諸活動に、リスク管理部門も同席をしてリスクマネジメントの状況を把握・評価する方法です。

具体的な例を挙げると、**図2.4**のような開発のプロセスであれば、各工程で実施されるシステム開発部門の会議体に、オンサイトモニタリングとしてリスク管理部門も出席します。リスク管理部門は会議体での議論の様子やその結論などを観察し、次のような観点からモニタリングを実施します。

- 社内規程に沿った会議体の運営や手続きが実施されているか
- 社内規程などで明文化されていない手続きが実施されていないか
- 顕在化しそうなリスクが生じていないか

場合によっては経営層の会議体にも出席し、システム開発部門での議論の内容や結果が正しく報告されているか、システム開発部門と経営層のリスク認識に相違がないかといったような確認も行います。

　オンサイトモニタリングのメリットは、議事録や開発関連資料といった文章だけでは把握できない、現場の生の情報が入手できることです。また、システム開発に関する会議体であれば、議事録などの文書が完成する前にタイムリーに状況を把握することができ、場合によってはその場で第1線へ適時にフィードバックを行えます。

　オンサイトモニタリングのデメリットは、第1線の諸活動に直接参加することにより、時間的な拘束を受けることです。通常、組織内には現場レベルから経営レベルまでのさまざまな会議体があり、これらの会議体にすべて参加してモニタリングするとなると、相当な時間をオンサイトモニタリングに費やしてしまうことになります。これを回避するためには、リスクベースアプローチでどの会議体へどういった頻度で参加するかを決定することが必要になります。リスクベースアプローチとは、リスクの大きさを基準として、大きなリスクには手厚く対応し、そうではないリスクには必要最低限の対応をとることで、効率的・効果的にリスクマネジメントを行うことを意味します。たとえば、開発の内容について議論を交わすチーム単位の会議体と、開発に関する意思決定を行う部門単位の会議体があるとすれば、リスクマネジメントの観点では意思決定が行われる後者の会議体のほうがより重要であり、優先してモニタリングすべき対象と言えます。

　ほかにも、事前に把握したリスク情報に基づいてリスクが高いと想定される開発案件が議論される現場レベルから経営レベルまでの会議体に出席し、モニタリングするといった対応も考えられます。いずれにせよ、オンサイトモニタリングは必ずしも網羅性が必要となるものではないため、リスクベースアプローチで実際のモニタリング対象や頻度などを決定します。

■ オフサイトモニタリング

　オフサイトモニタリングとは、第1線が実施するリスクマネジメントのPDCAサイクルの中で行われている諸活動で作成される書面やデータをモニタリングしてリスクマネジメントの状況を把握・評価する方法です。オンサイトモニタリングを実施するほどではない活動や、オンサイトモニタリングに十分な時間を割けないときは

オフサイトモニタリングで対応します。

図2.4の開発プロセスであれば、次のような観点からモニタリングを実施します。

● 要件定義と基本設計および詳細設計の内容は整合しているか
● QAテストは社内の規定に沿って網羅的に実施されているか
● QAテストの結果などから導かれた判定結果は妥当であるか

オフサイトモニタリングのメリットは、オンサイトモニタリングと比較して時間をかけずにモニタリングを実施することが可能なことです。また、資料やデータを対象とするため、空いた時間にモニタリングの作業を実施できるなど柔軟に対応することも可能です。

オフサイトモニタリングのデメリットは、書面やデータの内容のみがモニタリング対象となるため、記載に誤りや漏れがあった場合にはこれらの内容は把握や評価ができないことです。そのため、オフサイトモニタリングが機能するかどうかは第1線が漏れなく正しい文書を作成することができるかに依拠することになります。

オフサイトモニタリングの実施では、その組織でルールや成果物などが十分に文書化されていることが前提となります。多くの従業員が働く大企業であれば、社内規程や会議体の議事録、開発の成果物等は文書化されているため、オフサイトモニタリングは有効な手法だと言えるでしょう。

しかし、ベンチャー企業のような小規模組織では意思決定やシステム開発のスピードを優先させることが多々あり、文書化が十分に行われていない場合があります。そういった組織の場合には、オンサイトモニタリングを実施せざるを得なくなります。

ここではオンサイトモニタリングとオフサイトモニタリングという2つのモニタリング手法について説明しました。それぞれのメリット・デメリットや、リスク管理部門がモニタリング活動に割り当てられるリソースの状況、組織の文書化の状況などを考慮して、2つのモニタリングをうまく組み合わせて第2線によるモニタリングを実施します。

2.4.4 第3線（内部監査）

第3線は、第1線および第2線が実施するリスクマネジメントの諸活動を第三者の立場で評価し、保証（アシュアランス）および助言（コンサルティング）を与える部門です。また、評価結果は第3線から経営層へ報告されます。第3線として設置される組織は**内部監査部門**になります。

内部監査部門がどのような役割を持ち、何を実施するかは監査に関わった経験がない人にはイメージがわかないかもしれません。そこで内部監査とは何か、についてまず考えてみましょう。内部監査に関する国際団体である内部監査人協会（IIA）が発行する、「専門職的実施の国際フレームワーク（IPPF）」[3]では、内部監査を以下のように定義しています。

> ❝内部監査は、組織体の運営に関し価値を付加し、また改善するために行われる、独立にして、客観的なアシュアランスおよびコンサルティング活動である。内部監査は、組織体の目標の達成に役立つことにある❞

【3】 専門職的実施の国際フレームワーク（International Professional Practices Framework：IPPF）、内部監査人協会（The Institute of Internal Auditors：IIA）
http://www.iiajapan.com/guide/ippf.html（日本語版）
https://na.theiia.org/standards-guidance/Pages/Standards-and-Guidance-IPPF.aspx（英語版）

　第2線が第1線のリスクマネジメントの活動をモニタリングしている中で、さらに第3線として内部監査部門が第1線および第2線の活動を評価するのはなぜでしょうか。ポイントは、内部監査部門は組織内で独立した部門であるという点です。

　第1線および第2線の部門は日々の業務を遂行する中で、組織内外の部門との利害関係が生じます。たとえば、組織内の部門間でパワーバランスが変わったり、部門内で上司が強力な権限を持ったり、外部委託先との契約が長くなることによる馴れ合いや癒着が生じたりします。このような利害関係が生じてしまうと、第1線や第2線の活動やその結果は必ずしも正しいとは言えなくなってしまいます。

　内部監査部門は監査業務のみを行う独立した部門であり、日系企業であれば通常は社長の直下に配置されます（多くの外資系企業では、経営層に設置されている監査委員会の直下に配置しています）。そのため、内部監査部門は独立した立場で誰にも影響を受けず、第1線や第2線に対して客観的な評価を行うことができます。さらに、独立した第三者による客観的な評価は組織に対して一定の保証を与えることができます。

　このほか、内部監査部門は発見したリスクマネジメントに関する課題や問題に対する助言もあわせて実施します。発見した課題や問題は、内容に応じて関連する第1線や第2線の部門が改善対応をしますが、内部監査部門はこれらの部門に対して助言を実施することにより改善対応を支援します。保証と助言を実施することにより、内部監査部門は組織でのリスクマネジメント活動が有効に機能し、組織の目標達成に貢献します。

　内部監査部門の活動には「モニタリング」と「内部監査」の2つがあります。内部監査部門のモニタリングでは、第2線と同様にオンサイトモニタリングとオフサイトモニタリングの2つの手法を用います。前項で説明したように、内部監査部門も関連する会議体への出席や資料・データの閲覧などを行い、第1線および第2線の活動をモニタリングします。第2線によるモニタリングは、モニタリングによって発見したリスクマネジメントに関わる問題に対して第1線の部門に助言を行い、改善することを目的としています。内部監査部門のモニタリングは適時の助言による改善に加え、モニタリングを通じて把握した情報をもとに内部監査計画を見直し、

最適な内部監査計画を維持することも目的としています。

　内部監査部門は内部監査を実施するにあたり、年間の内部監査計画を立てます。年間の内部監査計画は、組織を取り巻く外部環境（所在国、地理的特徴、業界規制、世論の動向など）や内部環境（企業理念、経営方針、中長期計画、組織体制、組織に係る既知の問題や課題など）を踏まえ、1年間の監査対象（監査テーマ）および実施時期などを定め、この計画に従って内部監査を遂行します。

　内部監査計画は固定的なものではなく、変化する外部環境や内部環境などを勘案し、有効な内部監査が実施できるように適宜その内容を見直し、更新をしていく必要があります。この見直しを行うトリガーのひとつとして、内部監査部門はモニタリングを実施します。内部監査部門はモニタリングを通じて内部環境の変化をいち早く把握することで、内部監査計画の見直しおよび更新が必要であるかを判断できます。

　組織内の重要なシステム開発プロジェクトを内部監査の対象として内部監査計画で定めていた場合、このシステム開発プロジェクトに遅延が生じた場合は内部監査の実施時期を変更が必要になります。あるいは中止となった場合は、このシステム開発プロジェクトに対する内部監査は内部監査計画から外す必要があります。このような判断を行うために、内部監査部門はシステム開発プロジェクトの会議に参加をして議論や議事の状況を確認したり、プロジェクトに関連する資料を閲覧することで開発状況を把握したりします。

このようにして見直しや更新が行われた内部監査計画に従い、内部監査部門は内部監査を実施します。内部監査は、監査テーマに従い、関連資料やデータの閲覧、被監査部門へのインタビュー、被監査部門が実施する業務の観察などの監査手続きによって実施されます。監査結果は監査報告書にまとめられ、被監査部門や経営陣に報告されます。内部監査で発見された課題や問題は内部監査部門または被監査部門が管理します。内部監査部門は、これらの課題や問題が解決されるまでその対応状況や改善状況をレビューし、経営陣に状況報告します。経営陣は、内部監査部門から内部監査結果の報告および課題や問題の対応状況や改善状況の報告を受けることで、組織に存在するリスクやその状況を把握します。

内部監査部門は第3線として、モニタリングおよび内部監査を通じて第1線および第2線のリスクマネジメントの状況を評価し、経営陣へこれを報告する重要な機能を担っています。第3線は最後の砦として、組織全体のリスクを評価します。

2.4.5 外部監査、監督官庁

これまで説明した第1線から第3線は組織内の部門ですが、組織外の部門として**外部監査**および**監督官庁**による監査や検査があります。第3線である内部監査は、組織自身の決定に基づいて実施されるものに対し、外部監査および監督官庁による検査は組織が受ける法規制や業界規制に従い実施されるものであり、組織はこれを受ける義務があります。また法規制に基づく監査や検査であるため、大きな不備や問題が発見された場合にはペナルティ（罰則）を受ける可能性があります。

外部監査としてまず挙げられるものが、監査法人による外部監査です。**監査法人**とは、第三者の立場から財務書類の監査を行う法人のことです。外部監査には法定監査と任意監査があります（**図2.16**）。

法定監査は名前のとおり法令に基づく監査であり、企業規模に応じて実施される「会社法監査」（会計監査）または「金融商品取引法監査」（会計監査および内部統制監査）などが一般的な法定監査です。その他、資金決済法に基づく「分別管理監査」など、業界固有の規制に基づく法定監査もあります。

任意監査は会社の依頼に基づいて監査法人などが任意に実施する監査です。会

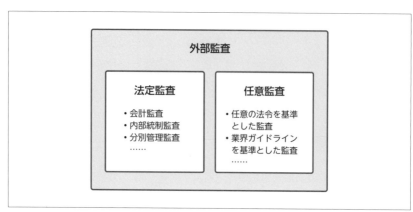

図2.16 ● 法定監査と任意監査

社が規制を受ける法令やガイドラインなどを監査基準とし、法定監査のように強制的に実施されるものではなく、会社自らの意思によって必要に応じて実施されます。法定監査と異なり、任意監査の結果によりペナルティは生じません。

　会社法監査とは、同法に基づく計算書類（損益計算書、貸借対照表、株主資本等変動計算表、個別注記表）および付属計算書類が適切に作成されているかを確認するための監査（会計監査）です。公認会計士または監査法人が会社法監査を実施し、対象は大会社（資本金5億円以上、または負債200億円以上）、指名委員会等設置会社および監査等委員会設置会社となっています（これらに該当しない会社であっても、任意で会社法監査を受けることもできます）。

　会社法監査の目的は、会社の株主や債権者などの投資家を保護することにあります。計算書類は会社の運営状況や財務状況を表すものであり、株主総会で株主に提供される書類です。この計算書類が適切に作成されていない場合、株主や債権者は会社の状況を正しく把握することができず、株主や債権者の利益を著しく損なう可能性があります。そのため、独立した第三者である公認会計士または監査法人（会計監査人）による監査が会社法で規定されています。

　金融商品取引法監査では、会社法監査で実施する会計監査に加え、内部統制監査を実施します（**表2.3**）。内部統制監査では第1章の1.1.2項で説明したCOSO

キューブにある3つの統制目標のうち、財務報告の信頼性を対象とし、これに関連する内部統制の整備状況や運用状況を評価します。評価結果は**内部統制報告書**として提出されます。この仕組みを内部統制報告制度（J-SOX）と言います[4]。金融商品取引法監査は公認会計士または監査法人（会計監査人）が監査を行います。対象は有価証券報告書を証券取引所へ提出している上場企業となります。会計監査では計算書類に記載された数値が正しいことを外部監査で確認するのに対し、内部統制監査では計算書類を作成するための組織や手続きが整備され、適切に運用されていることを確認します。

表2.3 ● 会社法監査と金融商品取引法監査の違い

項目	会社法監査	金融商品取引法監査
目的	会社の株主や債権者など投資家の保護	会社の株主や債権者など投資家および今後会社の株主や債権者となる可能性のある投資家の保護
根拠法令	会社法	金融商品取引法
対象会社	・資本金5億円以上、または負債200億円以上の会社 ・指名委員会等設置会社 ・監査等委員会設置会社	・取引所へ有価証券報告書を提出している上場企業
実施される監査	・会計監査	・会計監査 ・内部統制監査

　金融商品取引法監査の目的は、会社の株主や債権者などの投資家に加え、有価証券報告書などを見て会社の株や債券を購入する可能性のある潜在的な投資家の両方を保護することです。潜在的な投資家は、上場企業に対する投資判断を行う場合、有価証券報告書等に記載されている計算書類等から会社の運営状況や財務状況を把握します。そのため、有価証券報告書に記載された計算書類等の内容が正しくない場合には投資判断を誤る場合があり、よって潜在的な投資家も保護の対象となります。

　会社法監査および金融商品取引法監査ともに、会計監査人は監査が終わると**監査意見**を表明します。監査意見には、無限定適正意見、限定付適正意見、不適正

【4】　内部統制報告制度（J-SOX）の詳細については、付録A.4を参照してください。

意見、意見不表明の4種類があります（**表2.4**）。

　「**無限定適正意見**」および「**限定付適正意見**」であれば計算書類等の内容のすべてまたは一部を除いて適切に表示されていると会計監査人が保証をしていることになります。

　しかし「**不適正意見**」であれば、監査で発見された不適切な事項が計算書類等の全体に重大な影響を与え、正しく作成・表示されていないことを会計監査人が表明していることとなり、その会社に問題があることを意味します。

　「**意見不表明**」であれば、監査に必要な資料が入手できなかったり、必要な監査手続きが実施できなかったりしたため、そもそも意見を表明すること自体が困難と会計監査人が判断した場合に表明されます。「意見不表明」となった場合には、何らかの理由により会社が会計監査人の監査に協力せず、重要な監査手続きが完了しなかったということを意味します。

　「不適正意見」や「意見不表明」が出された場合、その会社は上場を維持することが困難になります。

表2.4 ● 監査意見の種類

種類	内容
無限定適正意見	一般に公正妥当と認められる企業会計の基準に従って、会社の財務状況を「すべての重要な点において適正に表示している」旨を監査報告書に記載する
限定付適正意見	一部に不適切な事項はあるが、それが財務諸表等全体に対してそれほど重要性がないと考えられる場合には、その不適切な事項を記載して、会社の財務状況は「その事項を除き、すべての重要な点において適正に表示している」と監査報告書に記載する
不適正意見	不適切な事項が発見され、それが財務諸表等全体に重要な影響を与える場合には、不適正である理由を記載して、会社の財務状況を「適正に表示していない」と監査報告書に記載する
意見不表明	重要な監査手続きが実施できず、結果として十分な監査証拠が入手できない場合で、その影響が財務諸表等に対する意見表明ができないほどに重要と判断した場合には、会社の財務状況を「適正に表示しているかどうかについての意見を表明しない」旨およびその理由を監査報告書に記載する

出所：「監査意見の種類」（日本公認会計士協会）を元に作成・一部表記変更。
https://jicpa.or.jp/cpainfo/introduction/keyword/post-54.html

　任意監査は会社状況や事情によってさまざまなテーマが設定されます。たとえば個人情報保護法や犯罪収益移転法といった重要な法令に対する準拠性（法令・会計基準を遵守していること）や、金融庁のガイドラインや金融分野の各自主規制団体のガイドライン等の準拠性を会社が自主的に評価するといったケースが考えられます。

　任意監査は内部監査部門が実施する場合もありますが、それぞれの領域に対する専門性が求められるため、外部監査を実施するのが一般的です。外部監査を利用するメリットとしては、専門家による評価を受けることができること、外部監査を実施する監査法人の過去実績から、業界標準や他社と自社のレベルを比較することができるといった点が挙げられます。

　監督官庁による監査や検査はさまざまなものがあります。代表的なものに金融庁による金融検査があります。金融業者は金融業を行うにあたり、業種ごとに金融庁による許認可を受けたり、金融庁への届け出をしたりする必要があります。同時に、金融業者は規制を受ける法令や業態ごとに定められたガイドラインなどを遵守する必要があります。金融検査は特に実施頻度や実施時期があらかじめ定められているものではなく、金融庁の判断により必要に応じた先へ事前予告無く検査が実施されます。そのため、金融業者は平時から遵守すべき法令やガイドライン等をよく理解し、日々実践しておくことが重要になります。

　金融以外の会社でも、事業内容に応じて他の官庁による検査が行われる場合があります。自社を管轄する官庁はどこなのか、官庁はどのような検査を行うのか、をよく理解して検査に臨む必要があります。監督官庁による検査の結果が著しく悪かった場合には、検査結果が公表されたり、課徴金が発生します。最悪の場合には、業務停止や許認可の取り消しといった事態も発生します。監督官庁による検査には強い権限がありますので、法定監査と同様にしっかりとした対応が求められます。

Column

企業の現場で行われているリスクマネジメント

　筆者が勤務していた監査法人では、地元の大手企業を中心とした有志の
メンバーでリスクマネジメントの研究会を定期的に開催していました。筆者
はその研究会に事務局として参加し、さまざまな企業の発表を見てきまし
た。その中でも、特に記憶に残っている事例をいくつかご紹介します。

●事例1：フォルトツリー分析

　1つ目は、インフラ系企業が実施していた企業運営に関わるリスク管理の
事例です。この事例が特徴的だったのは、フォルトツリー分析[1]という手法
を用いてリスクの洗い出しを実施していたことです。

　一般にフォルトツリーは、故障や事故の原因分析に用いられる分析手法で
す。この企業はインフラサービスを支えるための大規模設備を多数抱えてお
り、日頃から業務の中でこのフォルトツリーを活用していたのでしょう。こ
れをリスクマネジメントに応用しよう、と考えたようです。

　フォルトツリーでは、まず上位事象として、発生することが望ましくない
事象を書き出します。その下に、上位事象を発生させる中間事象を漏れなく
抽出し、さらにその下には事象が発生する確率を見積もるための基本事象を
配置します（図2.17）。各基本事象の発生確率などを洗い出すことで、上位
事象が発生する確率を見積もることができます。

　かなり専門的なアプローチで馴染みのない企業にとっては難しい手法だと
思いますが、自社のリスクマネジメントが実施できるのであれば、こうした
異なる手法をリスクマネジメントに活用することも問題ありません。特に、
経営陣とのコミュニケーションを考えると、新たにリスクマネジメントの手

【1】　フォルトツリーは「故障の木」とも呼ばれています。詳細については、Wikipediaの「フォルトツリー解析」などを参照してください。http://bit.ly/393GDy6

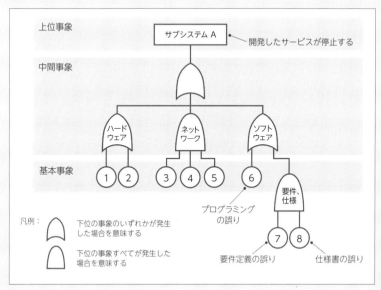

図2.17 ● フォルトツリー

法やフレームワークを理解してもらうよりはこういった業界で馴染みのある
手法を使って説明をする方が理解を得やすいのではないかと思います。

◉事例2：金融庁の金融検査マニュアル

　2つ目は、リース業の会社で金融庁の金融検査マニュアルを利用してリス
クマネジメントの態勢整備をしていた事例です。リース業で金融庁が作成し
たマニュアルと聞くと、まったく関連がないように見えます。

　私はその会社でリスクマネジメントを推進している方に、なぜ金融検査マ
ニュアルを使おうと思ったのか聞いてみました。その方はリスクマネジメン
トに使えそうなツールを色々と調べてみた結果、金融庁のマニュアルが使い
やすそうだと感じたので利用することにした、と話してくれました。

　また、実際にどのようにマニュアルを利用しているのか見てみたところ、
経営管理態勢やオペレーショナルリスク管理態勢といった金融に限定せず

適用できる項目は原則そのまま取り込み、市場リスクや流動性リスクといった金融固有のリスク管理に関する項目は対象外にするなど、うまく取捨選択をして利用していました。

　これらの2つの事例からもわかりますが、リスクマネジメントはこういったツールを使うべし、こういった方法で実施すべし、といった決まりはありません。本書では初めてリスクマネジメントを学ぶ方のために、教科書風の体裁でさまざまなフレームワークをツールとして紹介していますが、これらのフレームワークを使わなければリスクマネジメントができないといったことはありません。ツールを利用することはリスクマネジメントの「目的」ではなく、第2章で説明したリスクやコントロールの評価を行うための「手段」であることをしっかり理解するようにしてください。

　リスクマネジメントの「目的」が達成できそうなのであれば、「手段」として皆さんが普段仕事で慣れ親しんでいるツールが利用できないか検討してみるとよいでしょう。きっと私が思いつかないようなツールをリスクマネジメントに活用できるのではないかと思います。本書で学ぶリスクマネジメントをきっかけに、自由な発想でそれぞれの企業にマッチしたリスクマネジメントのスタイルが定着していくことを筆者は期待します。

第 **3** 章

［トラブル事例に学ぶ］
フィンテック時代のリスクマネジメント

3.1

はじめに

　本章ではいくつかのトラブル事例をケーススタディとして取り上げます。第2章で学んだリスクの評価とコントロールの検討をどのように行うのか解説します。注意して頂きたいのは、本書で解説しているのはあくまで一例であり、人によっては異なるリスク評価結果やコントロールを選択するかもしれないという点です。解説を読み進めながら自分であればどのように評価や検討をするのか考えてみてください。

　次節以降では、以下の形式でトラブル事例および解説を記載していきます。

- **事例概要**：トラブル事例の概要を「業態等」「事象」「原因」「対策」の4つに分けて記載します。金融庁の「金融機関のシステム障害に関する分析レポート」から抜粋したものもありますし、各社が公開している情報から再構成したものもあります。

- **解説**：事例概要のあとに、次の4つの項目に関して詳細に解説していきます。読者の皆さんの考える評価とどこが違うのかに注目しつつ読み進めてみてください。

  - ▶ 固有リスクの評価
  - ▶ コントロールの評価
  - ▶ 残余リスクの評価
  - ▶ 追加コントロールの検討

3.2

システム企画・設計および開発

事例1 取引パターンの考慮漏れによる取引処理順序の誤り

業態等

金融商品取引業者（ネット証券会社）

事象

取引の処理順序の制御に不備があったことにより、特定のタイミングで取引注文を行い、その後の特定のタイミングで当該注文の取消や訂正を行った場合に、取消ができない、あるいは訂正が不正な内容となる。

原因

▶ 各注文に対し処理順序を制御する情報を付与する処理の設計に不備があった。

▶ 注文パターンの洗い出し不足およびテストの網羅性不足による不具合を見逃していた。

対策

◉ 注文タイミングのパターンを網羅的に再確認し、設計書へ明記

◉ 無影響確認テストでの網羅性担保のための検証ツールの導入・テスト項目書の作成

出所：「金融機関のシステム障害に関する分析レポート」（金融庁、2019年6月）より抜粋・表記修正。
https://www.fsa.go.jp/news/30/20190621-1.html

固有リスクの評価

　システムの企画・設計および開発における固有リスクとして、業務処理で想定される処理パターンを網羅的に洗い出すことができていません。その結果、企画・設

計・開発段階での要件漏れが生じたり、開発段階での開発漏れが生じたりするリスクが生じています。特に、特定の条件が重なった場合に生じる例外的な処理パターンは、業務に関する知識や経験がない場合には洗い出しが難しく、漏れてしまうリスクが高くなります。

　また、システム上のプロセスや処理があらかじめ定められた相関や順序で連携することにより正しい業務処理が実施されますが、これらがなんらかの理由によって正しく連携しなくなってしまうと誤った業務処理を実行してしまうリスクもあります。特に、既存のプログラムに手を加えて修正をする場合は、修正による影響範囲の考慮漏れによってこの連携が崩れてしまうリスクを高めます。

　システムの企画・設計および開発では、開発による影響を網羅的かつ正確に把握できないことを起因として、このような固有リスクを抱えることになります。

コントロールの評価

　システムの企画・設計および開発における固有リスクに対するコントロールは、企画・設計段階における要件の網羅性や正確性、また開発段階における処理パターンを網羅的かつ正しくコーディングしているかを担保する必要があります。

　ソフトウェアの品質に関する要求事項や実装の評価方法などを規定したISO規格としてSQuaRE（スクウェア）があります（**図3.1**）。SQuaREはISO/IEC 25000シリーズおよびJIS X 25000シリーズ（以下、SQuaREシリーズ）の呼称として使われています。SQuaREシリーズの主な規格として以下のものがあります。SQuaREシリーズは、いずれも「システム及びソフトウェア工学－システム及びソフトウェア品質要求事項及び評価（SQuaRE）」というシリーズ名を持ち、主なものは以下のとおりです。

- **SQuaRE シリーズ**：システム及びソフトウェア工学－システム及びソフトウェア品質要求事項及び評価（SQuaRE）
- **ISO/IEC 25000**：SQuaREの指針
- **ISO/IEC 25001**：計画及び管理
- **ISO/IEC 25010**：システム及びソフトウェア品質モデル
- **ISO/IEC 25020**：品質マネジメントの枠組み

● ISO/IEC 25030：品質要求事項

コントロールの評価には、SQuaREなどの基準を用いて網羅性を評価できます。たとえば、システムの企画・設計段階に関わる作業プロセスはISO/IEC 25030、開発段階に関わる作業プロセスはISO/IEC 25020といった規格で規定されており、これと比較することでそれぞれの段階におけるコントロールを評価できます。

図3.1 ● SQuaRE (Systems and software Quality Requirements and Evaluation)
出所：「つながる世界のソフトウェア品質ガイド：あたらしい価値提供のための品質モデル活用のすすめ」（情報処理推進機構：IPA）を元に作成。
https://www.ipa.go.jp/files/000044964.pdf

また、ソフトウェアの品質を分類・整理したものとしてISO/IEC 25010があり、これを開発におけるテスト項目と比較することでコントロールの網羅性を評価することもできます。SQuaREシリーズでは品質を「利用時の品質」と「製品の品質」（**図3.2**）の2つに分けています。

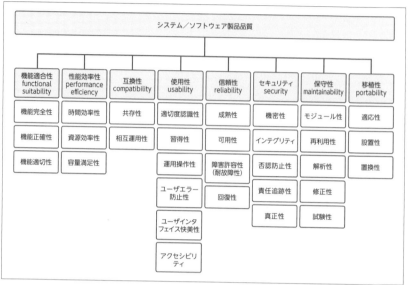

図3.2 ● システム・ソフトウェア製品の品質モデル
出所：「つながる世界のソフトウェア品質ガイド：あたらしい価値提供のための品質モデル活用のすすめ」（情報処理推進機構：IPA）を元に作成。
https://www.ipa.go.jp/files/000044964.pdf

残余リスクの評価

　システムの企画・設計および開発において考えられる残余リスクは、企画・設計段階で開発に業務に必要な要件が漏れてしまうことや、開発段階での要件やテスト時の漏れにより、業務要件を満たさないプログラムが本番環境にリリースされてしまうことです。

　企画・設計段階での要件漏れのリスクを定量的に測定することは容易ではありません。ひとつの目安としては要件の洗い出しに関わったエンジニアおよび業務担当の業務に関する知識や経験の程度から判断できます。特に、要件定義を含めて開発案件を委託するようなケースでは、委託先の担当者が組織固有の環境や業務プロセスなどに関連する要件を十分に拾えない可能性があり、この事例のような例外処理が漏れてしまう残余リスクが高いと想定されます。ヒアリングを受ける業務側でも、新人や異動者といった業務経験の浅い担当者であった場合にも、同様に残

余リスクが高いと想定されます。

　開発段階では、開発者のスキルや経験が残余リスクの評価基準のひとつとなります。開発対象の業務について経験を積んでいるエンジニアであれば、業務要件からプログラムを開発する際に漏れや誤りが生じるという残余リスクは高くないでしょう。しかし、初めて対象業務に関する開発を行う場合には、業務要件の理解が十分でないために誤ったプログラムを開発するという残余リスクは高まります。

　テスト段階では、ISO/IEC 25010などを適用してテストを評価すると、テストのケースやパターンの漏れを把握できるようになります。ただし、テストに割ける人員や時間などのリソースには限りがありあす。そのため、単純にテストのケースやパターンの漏を残余リスクとするのではなく、限られたリソースの中で必要なテストがカバーされているかといった、リスクベースアプローチの観点で残余リスクを評価することが重要になります。

追加コントロールの検討

　システムの企画・設計および開発の追加コントロールとして考えられるのは以下のものです。

- 要件定義に対するレビューの追加
- 開発したプログラムに対するレビューの追加
- テストのケースやパターンの追加

　開発プロジェクトでは人、時間などのリソースは無限に使えるものではないため、追加コントロールは費用対効果をよく考えて検討しなければなりません。たとえば、開発対象が組織内に閉じた業務に関連するプログラムであった場合、残余リスクがある程度高い状態であったとしてもそれは受容し、リリース後に問題が生じた場合には事後に修正することで対応するといった選択が取り得ます。しかし、開発対象が組織外の顧客に関係するものであり、かつ事例のように顧客の金銭に関わるようなプログラムであった場合には、事後に対応するといった選択肢は通常取り得ません。この場合は、残余リスクが許容値を超えていると追加コントロールを導入す

る必要があります。

　この事例では、対策として注文タイミングのパターンの網羅性を再確認することと、テストの網羅性を担保することを挙げているため、業務要件レビューを複数名で実施したり、テストツールを導入したりしてテストケースを追加していると想定されます。

　問題が生じたときに、コントロールを追加して残余リスクを低減させていくことは重要ですが、一律にすべての開発プロセスに適用してしまうと開発コストの大幅な増加を招いてしまいます。コントロールを追加する対象を特定し、リスクベースでコントロールしなければなりません。たとえば、組織内の業務に閉じた開発では業務要件や開発のレビューは1名で実施する、顧客向けの開発であれば業務要件や開発のレビューは2名で実施する、といった対応です。

　この事例のような問題が起きるたびにプロセス全体でレビューやテストを追加してしまい、その結果開発にかかる負担が大幅に大きくなってしまうようなケースも見受けられます。追加コントロールを導入する際には原因と影響に応じ、メリハリをつけた対応をとりましょう。

事例2 設計における要件漏れによる信用情報の誤提供

業態等

貸金業者

事象

貸金支払いの遅延有無は、本来貸金支払残高を参照し判断すべきところ、誤って割賦販売・貸金合計の支払残高を参照したことで、信用情報機関に誤った信用情報を提供していた。

原因

▶ 設計担当者が業務要件を誤認したことによる設計ミス。設計書を有識者がレビューしたが、レビュー時に要件書を確認せず、設計ミスを摘出できなかった。

▶ 誤った設計書に基づきテストを実施したため、テスト工程においても摘出できなかった。

対策

◉ 要件書に基づく設計書、テスト仕様書等のレビュー時に、有識者を含めた複数名によるレビュー会議を実施し、要件書どおりの設計となっていることを確認する態勢を整備

◉ テスト結果はユーザー部門、システム部門がシステム設計書だけではなく、要件書も加えて検証

出所：「金融機関のシステム障害に関する分析レポート」（金融庁、2019年6月）より抜粋・表記修正。
https://www.fsa.go.jp/news/30/20190621-1.html

固有リスクの評価

　企画・設計・開発における固有リスクのひとつとして、業務要件を正しく理解できず、誤った企画・設計や開発が行われてしまい、業務が正しく実行されないことが挙げられます。言うまでもなく、企画や設計のインプットとなる業務要件を正しく理解できなければ、正しく機能するシステムを開発することはできません。また、要件が誤っていると開発後に実施するテスト内容も当然誤った内容となり、テストでも誤りを検知することはできなくなります。

　業務要件を正しく理解するためには、開発対象の業務に精通した開発者の関与が必要不可欠になります。開発対象の業務に関連する開発を数多く経験しているエンジニアや業務に関する知識と経験を持った職員などの有識者が業務要件やシステム設計の洗い出しに関与できる体制となっていれば、固有リスクは高くないと言えるでしょう。しかし、関連する知識や開発経験が少ないエンジニアが中心となって企画や設計に関与している場合、固有リスクは高くなります。

　開発を請け負っているベンダーなど、外部に委託している場合、固有リスクはさらに高くなります。システムのことを詳しく知っている有識者（経験者）が関わっていない場合は、担当者が業務の基礎的な仕組みや流れなどの理解を誤ることにより開発ミスが生じることがあります。また、イレギュラーな業務パターンの洗い出しに漏れが生じることにより、特定の条件が重なった場合のシステム処理で不具合が生じるといったことも発生します。

　固有リスク見極めのポイントのひとつが、企画や設計に関わるエンジニアの知識や経験を判断することです。この事例では、有識者が本件開発に十分に関与できていなかったと推察されます。

コントロールの評価

　業務要件やシステム設計が正しく洗い出されていることを担保するためのコントロールは、要件を洗い出したエンジニア以外の職員によるレビューを実施することになります。有識者がレビューすることにより、担当したエンジニアが実施した要件の正確性や網羅性を検証します。

　業務要件は、業務に精通している職員に洗い出した要件を確認してもらうとよいでしょう。特に業務の内容や流れは時間の経過によって変化していく可能性があるため、実際に業務に従事する職員や業務を監督している職員がレビューをすることで、最新の業務内容や流れが業務要件に反映されていることを確認できます。また、業務要件のレビューでは、イレギュラーな業務パターンや業務でエラーが発生した場合の対応が網羅できているかもレビューのポイントになります。

　システム設計は、業務要件が正しく洗い出されていることを確認したうえで、対

象業務の開発に十分な知見を持つエンジニアによってレビューします。システム設計のレビューでは、業務要件が漏れなくシステム設計に反映されているかがポイントとなります。

本件では有識者レビューを実施していますが、業務要件の正確性や網羅性が十分に検証されず、システム設計の検証を重点的に実施していたのではないかと推察されます。システム設計のインプットである業務要件が誤っていると、システム設計のレビューで誤りを見つけ出すのは困難です。

残余リスクの評価

有識者によるレビューをもってしても業務要件やシステム設計に漏れが生じる可能性はあり、残余リスクをゼロにすることはでききません。残余リスクの見極めのポイントは、対象業務の重要性や開発の範囲や難易度などに応じたコントロールが実施され、残余リスクが許容可能な範囲に収まっているかどうかになります。すべての開発案件に等しく業務要件やシステム設計のレビューを実施することは合理的ではないため、リスクベースアプローチでコントロールが十分かということを評価します。

この事例は貸金支払いの有無を判定する重要な業務であるため、固有リスクは高く、これに見合ったコントロールの実施が必要となります。「コントロールの評価」で触れたように、もし業務要件の再鑑が十分に実施されていなかったのであれば、残余リスクは高い状態にあったと考えられます。

追加コントロールの検討

追加コントロールが必要となるのは、残余リスクが許容可能な範囲に収まっていない場合です。

この事例では業務要件やシステム設計に留まらず、その後のテスト工程で作成するテスト要件に対しても複数の有識者によるレビューを実施することにしています。また、レビューは会議体によって実施することになっているため、現場の担当者だけではなく管理職も巻き込んだ体制となっており、より強固な検証を実施する体制となっています。

　加えて、テスト結果を確認する際には、システム設計だけではなく業務要件に適合しているかどうか確認することとしています。これはテスト項目が漏れなく実施され問題が生じていないことを確認することに加え、業務要件やシステム設計に照らしてテスト項目が網羅的に洗い出され、テストが実施されていることも確認することを改善策として追加していると考えられます。

　このようなコントロールをすべての開発案件に対して実施していくのは時間や要員確保の観点から難しいと思いますが、重要な開発案件に対してはこのようなコントロールを実施できれば、残余リスクは十分に小さくすることが可能になります。

3.3

システム保守・運用

事例3 各種作業手順誤りによるサービス停止

業態等
資金移動業者、暗号資産交換業者

事象
システムリソースの追加やシステムへのデータ登録作業の作業手順誤りにより、システムの停止や振り込みが行えなくなる事象が発生した。

原因
▶ システムリソースの追加やシステムへのデータ登録作業に関する作業手順書を作成していない。また、作業手順の再鑑 [レビュー] を実施していなかった。

対策
◉ 作業手順書作成、作業手順の再鑑 [レビュー] の徹底

出所:「金融機関のシステム障害に関する分析レポート」(金融庁、2019年6月)より抜粋・表記修正。
https://www.fsa.go.jp/news/30/20190621-1.html

固有リスクの評価

　システム運用・保守の業務でのリスクは、手順書の内容に誤りや漏れがあるため、本来想定していたものと異なる作業結果が生じ、システムの停止や誤作動が生じてしまうというものです。手順書の作成時点で誤りや漏れが生じてしまうこともありますが、システムの環境や設定が変更され、その影響が手順書に盛り込まれず、結果として不適切な手順となる場合もあります。

　簡便なオペレーションや小規模の組織では、手順書自体が作成されていないケースもあります。このような場合には、職員の退職や異動などでシステムの環境を十分に理解していない職員や、関連知識を十分に持たない職員がオペレーションを実施してしまい、システムの停止や誤作動が生じてしまうリスクが高くなります。

　この事例の原因は、作業手順書を作成していないことに加え、手順の見直しを実施していないという複数の要因が重なっています。複数の要因が重なった場合、固有リスクは一層高まることになります。

コントロールの評価

　この事例でのコントロールは、正しいオペレーションが実施されるために何をすべきかが問題となります。すべてのオペレーションに対する手順書を作成し、その正確性をチェックすることは現実的に難しいため、まずは対象となるオペレーションがシステムに与える影響度を見極めてから実施すべきコントロールを検討しなければなりません。

　たとえばデータ登録の作業であれば、オペレーションミスによってシステムの稼働や処理になんらかの影響を与えることが容易に想定されます。しかし、データを閲覧したりシステムの状態を確認したりといった参照系のオペレーションであれば、オペレーションミスによる影響は閲覧や確認ができないといった軽微なものに留まり、システムの停止や誤作動といったリスクは低いと考えられます。

　この事例のようなシステムの稼働や処理に影響を与える可能性の高いオペレーションであれば、まず手順書が作成されているかが評価の対象になります。次に、その手順書が漏れや誤りのない正しい手順となっているかが評価の対象となります。参照系のオペレーションであれば、手順書の整備や手順内容の正確性を確保することはこの事例と比べて重要性は相対的に高くはありません。しかし、こういったオペレーションで得た情報を別のデータ修正やパラメーターの変更などに利用する場合には、重要性は高くなるため注意が必要です。

残余リスクの評価

　残余リスクとして考えられるのは、整備されている手順書の内容に誤りや漏れが

生じてしまうことです。評価ポイントは、「整備されている手順書が最後に更新されたタイミングはいつか」ということになります。比較的最近に更新された手順書であれば、誤りや漏れが含まれている可能性は低いでしょう。逆に、手順書が作成されてから長らく更新が行われていない手順書は、一般に誤りや漏れが含まれている可能性が高くなります。環境やシステムの変更状況などと比較しながら、その可能性の有無を検討していきます。

手順書が作成されていない場合には、「コントロールの評価」で言及したようにそのオペレーションの重要性を確認します。手順書が存在しないということはそのリスクに対し何の手当もされていない状態と考えられます。システムの停止や誤作動といったことを生じさせる可能性のあるオペレーションであれば、リスクの高い状態と言えます。

別の可能性もあります。手順書が存在していない場合、人によって異なる手順でオペレーションを実施しているかもしれません。そのため、オペレーションを実施する各メンバーに対して、どのような手順でオペレーションを実施しているかといった聞き取りも必要になるでしょう。重要なオペレーションであるにもかかわらず人によって手順が異なる場合には、システムの停止や誤作動を引き起こすリスクが潜在している可能性があると想定されます。

追加コントロールの検討

手順書が作成されている場合は、手順書の正確性を担保するための追加コントロールを検討します。重要なオペレーションに対する手順書であれば、手順書を作成する際には作成者とは別に「検証者」による検証を追加することで正確性を担保することが考えられます。検証はその内容を適切に評価できる人によって実施されなければ意味がないため、誰が検証をするかといった点にも注意が必要です。

次に、適切に手順書の内容が更新されないことを防ぐため、定期的に手順書の内容の正確性をレビューすることも検討します。オペレーションの重要度や、環境やシステムの変更頻度などによって異なりますが、少なくとも年に1回はレビューが必要でしょう。レビューアーには同様に、手順書の内容を適切に評価できる人を

割り当てます。

　重要なオペレーションに対する手順書が作成されていない場合は、手順書を作成することがとるべき追加コントロールとなります。手順書の作成以降は、前に述べたような検証者による検証や定期的なレビューを検討することになります。

　手順書の整備にあてられる時間や要員は限られているため、すべてのオペレーションに対して漏れや誤りのない手順書を整備することは現実的には困難です。リスクベースアプローチでリスクを評価し、追加コントロールを検討しましょう。

事例4　ジョブスケジュールの設定誤りによるサービス利用不可

業態等
資金移動業者

事象
累積データがディスク容量を占有し、データベース処理が停止したことで、ATMの利用ができなくなる事象が発生した。

原因
▶ 累積データのメンテナンスを行うジョブのスケジュール設定を作業者が誤った。
▶ データベース処理の異常を事前に検知する手段がなかった。

対策
◉ 作業時に作業内容の再鑑［レビュー］を行う運用へ変更
◉ データベース処理の動作を監視し事前にアラートを発報する機能を追加

出所：「金融機関のシステム障害に関する分析レポート」（金融庁、2019年6月）より抜粋・表記修正。
https://www.fsa.go.jp/news/30/20190621-1.html

固有リスクの評価

　ジョブスケジュールの設定や変更に起因する固有リスクとして、正しい設定が行われずジョブが目的どおりに機能せずに業務が被る影響が考えられます。システムで稼働するジョブには統計情報の取得やデータの処理、プロセスの再起動など

さまざまなものがあります。ジョブによっては起動・処理の実施時間や順序が決まっているものや、複数のジョブで1つの処理を実行するものなどがあります。固有リスクを評価するには、まずそれぞれのジョブの重要度や業務への影響度を判断する必要があります。

統計情報の取得や内部のデータ処理などで、失敗してもリアルタイムに対応する必要がなく、事後に再実行すれば問題ないようなジョブであれば重要度は低く、業務への影響も軽微であるため固有リスクは低いと判断できます。この事例で行われた累積データを削除してディスクの空き容量を確保するジョブも、単発の失敗であれば通常は事後にジョブを再実行すれば問題ないため、同様に固有リスクは低いと言えます。

しかしこの事例では、データベース処理の異常を検知する手段がなかったため、ジョブの失敗が複数回続くなどの理由によってデータベースの容量がひっ迫し、最終的に停止に至ったと推察されます。データベースの停止を引き起こす可能性があることが事前に想定できていれば、固有リスクは高いと評価できる場合もあります。このような評価は、評価者のリスク感度や業務に関する理解の度合いに依存します。

また、ジョブも開発されるプログラムの一種であるため、開発に関わる固有リスクも存在します[1]。

コントロールの評価

ジョブに対してまず考えられるコントロールは、ジョブの実行結果をログに書き出すことで、事後検証をできるようにすることです。また、重要度の高いジョブや業務への影響度が高いジョブが失敗した場合には、管理者へエラー通知をすることで即時対応ができるようにする必要があります。

本件では対策としてデータベース処理を監視し、事前にアラートを発報する仕組みを導入したとあるため、ジョブが実行するデータベース処理に関するエラー通知の設定やログの書き出しなどの監視が行われていなかったと推察されます。

【1】 開発に関わる固有リスクについては、第3章の3.1.1項を参照してください。

　また、本件はディスクのデータベース処理に関わるジョブであるため、ジョブの監視とは別にディスクの空き容量がしきい値を超えていないかを監視する仕組みをコントロールとして導入することも考えられます。

　ジョブとディスクのどちらを監視するかは、システムの環境やコントロールの導入のしやすさ、監視にかかるコストなどを考慮して決定すればよいでしょう。

残余リスクの評価

　ログの書き出しやデータベース処理、ディスクの空き容量などの監視が設定されていた場合の残余リスクとは、これらの監視がなんらかの理由によって機能せず、異常を事後またはリアルタイムに発見できないことです。

　システムの環境は常に変化していくため、システムの構成や設定などの変化によって監視がうまく機能しなくなることがあります。この事例のように、監視対象のディスクが増えたりその構成が変更となったりする場合は、あわせてジョブの設定も変更が必要です。ジョブの設定が適切に変更されていない場合は、監視対象に漏れが生じたり、まったく監視されなかったりすることがあります。

　このほかにも、他のジョブの不具合や他のシステムやプログラムといった外部環境からの想定外の影響により、ジョブが稼働しないといったことも起こり得ます。残余リスクにより、このような事象が引き起こされる可能性があります。

　この事例では、データベース処理に関するエラー通知の設定やログの書き出しなどの監視が行われていなかったと推察されます。その場合には固有リスクがそのまま残余リスクになります。

追加コントロールの検討

　事例概要の原因に記載されているとおり、データベース処理の異常を事前に検知する手段がなかったため、固有リスクの評価で記載したようなリスクがそのまま放置されている状態となっています。こういった場合には、コントロールの検討で述べたようなジョブが実行するデータベース処理に関するエラー通知の設定やログの書き出しなどの監視を導入することが追加コントロールとなります。

　こういった対応がすでにコントロールとして設定されている場合は、ジョブの設

定が有効であることを定期的に検証するといった追加コントロールの導入を検討してもよいでしょう。すべてのジョブを定期的に検証することは分量的に難しいと思われるため、リスクベースアプローチでジョブの重要度や業務への影響度などを基に要否を判断するようにします。

　重要な会計処理に関わるジョブであれば、第2章の2.4.5項で触れた金融商品取引法監査で実施される内部統制監査の中で外部監査人が監査対象として評価するケースがあるため、内部統制監査の評価を兼ねて内部監査人や外部監査人と検証をするといった方法も取り得ます。

3.4

クラウドサービス・業務委託

事例5 サーバー設定不備によるクラウドサービスの接続遮断

業態等

クラウドサービス事業者

事象

2019年5月2日午後7時43分から午後10時35分（現地時間、以下同）まで、Microsoft Azureやその他のMicrosoftサービスへの接続に断続的に問題が生じた。この障害が発生していた間に顧客のDNSレコードは影響を受けておらず、Azure DNSの稼働率は100％だった。この障害はMicrosoftサービスのレコードのみに影響を与えた。

原因

▶ ネームサーバーの権限委譲に関する不適切な変更（この変更がDNSの処理に影響を及ぼし、Azure Active Directoryや各種サービスに影響を与えた。従来のDNSからAzureのDNSへの移行期間中、Microsoftサービスのいくつかのドメインが誤って更新された）

対策

◉ ネームサーバーの権限委譲に関する問題を修正した（ただし、誤って設定されたドメインにアクセスしたアプリケーションやサーバーはキャッシュに誤った情報を保持している可能性があり、キャッシュされた情報が消去されるまで復旧に時間を要する）

出所：2019年5月3日13時時点のMicrosoftの情報をもとに筆者和訳・再構成。
Azure ネットワーク接続障害 (2019.05.02) | プチザッキ　http://bit.ly/30xAtTD

　この事例はクラウドサービス事業者の作業ミスにより、事業者が管理するクラウドサービスがすべて停止してしまったというトラブルです。クラウドサービスに関するシステムやネットワークの保守はクラウド事業者が実施しており、その内容や実施時期などはユーザーに公開されない場合がほとんどです。こういった状況でクラウドサービスを利用するユーザーとして事前またはトラブル発生中に実施できるリスクマネジメント対策は限定される点がポイントになります。

固有リスクの評価

　クラウドは一般的に複数のデータセンターでシステムやデータのバックアップがリアルタイムで実施されており、高い可用性を確保しています。そのため、データセンター設備の障害やサーバーの障害が発生した場合にはタイムリーにバックアップのシステムやデータに切り替わることにより、サービスの停止を回避できます。よって、オンプレミスのシステムと比べ、クラウドの可用性に関する固有リスクは高くないと言えます。しかし、この事例のようにネットワークの要となるDNSのような箇所で障害が発生してしまった場合には、オンプレミスのシステムと同じようにクラウドでもサービスが停止してしまう場合があります。

　クラウドが停止した場合の固有リスクは、クラウドで実現しているサービスの内容によって異なります。たとえば、暗号通貨の取引所システムをクラウド上で構築していた場合、暗号通貨の売買、残高照会、チャートの確認といったサービスの利用ができなくなります。特に、新規の売買注文が入れられなかったり、既存注文の変更や取消ができなかったりした場合には、顧客は暗号通貨売買の機会損失を被ることになります。また企業側も、顧客の機会損失によって損失を補填する必要が生じたりします。あるいは、機会損失や補填に関する方針や対応で顧客とトラブルとなった場合、紛争や訴訟が発生したりする可能性があります。取引所のサービスは24時間365日提供されるものであるため、サービス停止が長時間にわたる場合には、サービスに対する顧客の信頼性が低下し、企業自体の信頼性も低下する可能性もあります。

　クラウドベースの顧客管理システムであれば、顧客からの問い合わせ、登録情

報の変更、登録情報の照会などの顧客サービスの受付や回答ができなくなります。クラウドが停止している期間は顧客サービスが提供できなくなり、顧客はタイムリーに変更や照会ができません。そのため、後日コールセンターへ再度連絡をする必要が発生し、顧客満足度が低下する可能性があります。停止が長期にわたる場合には企業に対する信頼性が低下し、顧客離れにつながる可能性もあります。

コントロールの評価

　クラウドサービスの場合、リスクに対応するためのコントロールはクラウド事業者側で実施されます。つまり、利用企業の立場で考えると、クラウドサービスにかかるリスクはクラウド事業者側へ「移転」されている状態です。この場合、利用企業はクラウドサービスに対してどのようなコントロールが実施されているかを直接評価することはできません。

　クラウドサービスのコントロールは、クラウドサービス事業者が開示をしている公開情報から間接的に読み解けます。たとえば、Microsoftのオンラインサービスであればオンラインサービス条件にデータ保護やセキュリティ対策について記載されており（図3.3）、サービスの可用性はSLA（Service Level Agreement：サービス品質保証）として公開されています（図3.4）。Microsoftの場合、クラウドサービスにおいては99.9%以上の月間稼働率を通常のサービス稼働率の下限としているため、この可用性を維持するためのさまざまなコントロールをMicrosoft側で実施していることがわかります。

　公開情報以外に確認したい事項がある場合には、クラウドサービス事業者へ問い合わせをすることでコントロールに係る情報を入手できる場合もあります。クラウドサービスに対するコントロールは事業者側で変更することができないため、サービス契約後にもう少ししっかりとコントロールをしてほしいと要望を出しても改善は難しいでしょう。そのためクラウドサービスの場合は、サービスの利用検討段階や利用開始前にしっかりとコントロールを評価することが大切になります。

データ保護条件

本オンライン サービス条件のこのセクションは、次の項で構成されています。

- 範囲
- 顧客データの処理 (権利の帰属)
- 顧客データの開示
- 個人データの処理 (GDPR)
- データ セキュリティ
- セキュリティ インシデントの通知
- データの移転と場所
- データの保持と削除

- 処理者の守秘義務に関する確約事項
- 下請処理者の使用に関する通知および規制
- 教育機関
- CJIS 顧客契約
- HIPAA Business Associate
- マイクロソフトへのお問い合わせ方法
- 付録 A – コア オンライン サービス
- 付録 B – セキュリティ対策

範囲
本条項の条件 (「データ保護条件」) は、Bing Maps Enterprise Platform、Bing Maps Mobile Asset Management Platform、Bing Maps Transactions and Users、Bing Search Services、GitHub Enterprise、LinkedIn Sales Navigator、Microsoft Azure Stack、Microsoft Graph data connect for ISVs、Microsoft Genomics、および Visual Studio App Center を除くすべてのオンライン サービスに適用されます。除外されるこれらのサービスには、該当する <u>オンラインサービス固有の条件</u> のプライバシーおよびセキュリティ条件が適用されます。

プレビューで採用されるプライバシーおよびセキュリティ対策は、Online Service で通常使用される対策よりも少ない、またはそれらの対策とは異なる場合があります。別途規定する場合を除き、プレビュー版は相当する Online Service の SLA の対象とはならないため、お客様は、個人データまたは法令上あるいは規制上のコンプライアンス要件が適用される他のデータを処理するためにプレビュー版を使用することはできません。プレビュー版には、本セクションの条件 (「データ保護条件」) のうち、「個人データの処理」、「データ セキュリティ」、および「HIPAA Business Associate」の条件は適用されません。

<u>付録 1</u> には、プロフェッショナル サービスの提供に関連したプロフェッショナル サービス データと個人データのプライバシーやセキュリティなど、当該サービスに適用される条件が記載されています。したがって、<u>付録 1</u> で適用可能であることが明示されていない限り、本セクションの条件 (「データ保護条件」) は、プロフェッショナル サービスの提供には適用されません。

顧客データの処理 (権利の帰属)
顧客データは、Online Service の提供に適合する目的を含め、このサービスをお客様に提供する目的にのみ使用または処理されます。マイクロソフトは、広告目的または同様の商用目的のために顧客データを使用または処理し、または顧客データから情報を取り出すことはありません。両当事者の間において、お客様が顧客データのすべての権利、権原、および権益を留保します。マイクロソフトは、Online Service をお客様に提供するためにお客様がマイクロソフトに付与する権利を除き、顧客データに関するいかなる権利も取得しません。本項は、マイクロソフトがお客様にライセンスするソフトウェアまたはサービスに対するマイクロソフトの権利には影響しません。

図3.3 ● オンラインサービス条件に記された「データ保護条件」
出所：マイクロソフトボリュームライセンス　オンラインサービス条件 (Microsoft)
http://www.microsoftvolumelicensing.com/Downloader.aspx?documenttype=OST&lang=Japanese

---

Microsoft Azure サービス

AD ドメイン サービス

用語の追加定義:
「**管理対象ドメイン**」とは、Azure Active Directory ドメイン サービスによってプロビジョニングおよび管理される Active Directory ドメインを意味します。
「**最大利用時間 (分)**」とは、所定の Microsoft Azure サブスクリプションについて 1 請求月間に所定の管理対象ドメインをお客様が Microsoft Azure にデプロイしていた総時間 (分) です。
「**ダウンタイム**」とは、所定の Microsoft Azure サブスクリプションにおいて 1 請求月間に所定の管理対象ドメインを使用できなかった合計累積時間 (分) です。管理対象ドメインが有効になっている仮想ネットワーク内からの、管理対象ドメインに属するユーザー アカウントのドメイン認証、ルート DSE に対するLDAP バインド、またはレコードの DNS 参照に関するすべての要求が、エラー コードに終わるか、30 秒以内に成功コードが返されなかった場合に、その管理対象ドメインは 1 分間使用できなかったとみなされます。

月間稼働率: 月間稼働率は次の式を用いて計算されます。

$$\frac{最大利用時間 (分) - ダウンタイム}{最大利用時間 (分)} \times 100$$

お客様による Azure Active Directory ドメイン サービスの使用に適用されるサービス レベルおよびサービス クレジット:

月間稼働率	サービス クレジット
99.9% 未満	10%
99% 未満	25%

図3.4 ● Microsoft Azure サービスの SLA
出所：マイクロソフトボリュームライセンス　Microsoft Online Services サービスレベル契約 (Microsoft)
https://www.microsoftvolumelicensing.com/Downloader.aspx?DocumentId=15893

残余リスクの評価

　「コントロールの評価」でも触れたように、Microsoftの場合は99.9％の月間稼働率を通常のサービス稼働率の下限としています。そのため、0.1％（約43分／月）以下でサービスの稼働が停止する可能性が最も考えうる残余リスクということになります。1日あたりでは1分強のサービス停止が発生することになり、この停止時間がクラウドで実現するサービスにとって許容できる範囲であるのか、もしくは許容できないのかによってまず残余リスクを受容できるか否かが決定されます。

　サービスにSLAを設定している場合は、SLAと比較して停止時間が短い場合には、企業側で追加コントロールを検討する必要はないでしょう。しかし、SLAを超える停止時間である場合は、企業側で対応可能な追加コントロールを検討する必要があります。

　そのほかに、サービスの停止によって生じる金銭的損失を見積もり、これをもとに残余リスクを評価する方法もあります。「固有リスクの評価」で例を出した暗号通貨の取引所システムであれば、通常の取引量やこれによる手数料収入などをベースに、停止時間による金銭的損失の額を見積もります。この金銭的な損失を受容できるか否かは第1線や第2線の部門では判断できないため、経営層に判断を委ねることになります。経営層により受容不可と判断された場合には、SLAのケースと同じく企業側で対応可能な追加コントロールを検討する必要があります。

　また、月間稼働率99.9％をさらに割り込むようなクラウドの停止が発生するケースも、発生可能性は低いとはいえ考えられます。そういったケースに対する残余リスクをどこまで評価するかについては、企業のリスク管理に対する方針によります。徹底的にリスクを管理したいのであれば評価したほうがよいでしょうし、そこまでリスク管理にコストをかけたくないのであれば月間稼働率99.9％に収まる範囲について検討すれば十分でしょう。

追加コントロールの検討

　追加コントロールが必要と判断した場合、クラウド事業者へ追加対応を依頼することは困難なため、企業側で取りうる追加コントロールは何があるのかといったこ

とを検討しなければなりません。

　固有リスクの評価で説明した顧客管理システムの例で考えると、クラウドが停止している期間はシステムを利用せずにオペレーターが手作業対応で顧客対応を行うという方式も考えられます。顧客からの問い合わせ対応でかつマニュアル化された質問であれば、システムの停止に備えてマニュアルを紙で印刷して保管しておくことで顧客対応はタイムリーに実施することができます。顧客からの問い合わせ内容は顧客管理システムにその履歴や内容を記録・保存する必要がありますが、これはクラウドが復旧したあとに対応することでリカバリーします。

　企業が提供するサービスに関する申込みや変更に関する顧客からの連絡であれば、これらは通常どおりに受付・処理を行い、顧客管理システムへの記録・保存は、同様にクラウドが復旧したあとに対応することでリカバリーします。

　顧客管理システムのデータを閲覧しなければ対応できないような顧客からの問い合わせや依頼は、顧客に対し障害により受付・処理ができない旨を伝え、クラウドの復旧後に再度連絡をしていただくように伝えることになります。

　このように、クラウドを利用したサービスに対する追加コントロールは、手作業によりカバーできる部分は手作業で対応する、手作業で対応ができない部分は対応できないことを伝えるということになります。

事例6　ガバナンス欠如、委託先管理の不足によるサービス停止

業態等

主要行等

事象

使用している製品の不具合により、インターネットサービス、提携ATMサービス、API提供サービス等が利用不可となる事象が発生した。

原因

▶ 当不具合は既知のものであったが、当社との取り決め（サービス継続に影響を及ぼし得る事象の報告、対応等）に反し、ベンダーから当社に報告がされておらず、対応がなされていなかった。

▶ ベンダー側のガバナンスや体制が不十分、かつ、マネジメント層のプロジェクト管理が不十分であり、当社へ報告していない不具合があることをベンダーのマネジメント層が認識していなかった。

対策

◉ 不具合の影響度に応じた対応の基本方針をベンダーとともに作成。動作に影響のある不具合判明後直ちに全量を当社へ報告させ、基本方針を踏まえ、都度対応を当社と協議する運用へ変更。また、その検討結果を当社担当役員が出席する月次会議で報告

◉ ベンダー側において、縦割りとなっていた体制に全領域横断的に管理する役員クラスの責任者を設置

出所：「金融機関のシステム障害に関する分析レポート」（金融庁、2019年6月）より抜粋・表記修正。
https://www.fsa.go.jp/news/30/20190621-1.html

固有リスクの評価

　この事例のシステムは、外部ベンダーから提供される製品が自社のシステムに組み込まれています。このような場合の固有リスクは、ベンダーから製品に関するアップデートや不具合などのサポート情報が適時に得られないため事前に対応がとれず、自社のサービスに支障をきたしてしまうことです。ベンダーからのこういった情報の提供は、契約等に基づき情報共有ポータルやベンダーとの定例会議などを通じて行われます。ただし、情報の出どころはベンダーになるため、情報提供が

漏れるといった固有リスクに対し、直接自社でコントロールすることができません。他にベンダーへの開発委託や運用委託、クラウドサービスの利用なども同様に、自社側でそれぞれの固有リスクを直接コントロールできません。こういったケースでは委託先管理として、委託先でのコントロールの実施状況を評価することになります。

コントロールの評価

委託先管理として、委託先でのコントロールの実施状況を評価します。評価方法は複数ありますが、アンケートを作成してこれに回答を求める方法や、重要な委託先に対しては直接訪問し、開発部門や内部監査部門の担当者がヒアリングや関連資料を閲覧して確かめる方法などが一般的です。

この事例のような、不具合に関する情報提供の網羅性について確認をする場合は、報告したことを社内でどのように記録・管理しているか、報告漏れが発生した際にこれをどのように検知しているかについて質問をすることでコントロールの状況が確認できます。ベンダーを直接訪問する場合には、関連する手順書やマニュアル、記録などを閲覧することで実際にコントロールが運用できていることまで確認できます。

事例概要には、事象発生前のベンダーでのコントロールに関する情報がありませんが、原因を読み解くと報告漏れが発生した場合にこれを検知できる仕組みがなかったと考えられます。また、ベンダー内部でマネジメント層がそういった状況を把握できていなかったため、ベンダー内部でのモニタリングや監督の機能もなかったと考えられます。

アンケートや訪問によるコントロールの評価は、一度実施すれば終わりではありません。ベンダー内の組織変更や人員の異動など、ベンダーの環境は時間の経過にあわせて変化していくので、一度評価したコントロールの有効性は定期的に実施する必要があります。その際には、評価先を含む委託先でのトラブル事例や他社の事例などを参考に、評価項目の追加や変更を検討するとよいでしょう。

残余リスクの評価

本件での残余リスクとは、委託先で実施されているコントロールにより低減されたリスクであり、委託先に残存するリスクになります。また、「コントロールの評価」で述べたように、ベンダー側では報告漏れを検知する仕組みや、マネジメント層がそういった状況をモニタリングや監督するための仕組みがなかったと考えられます。

ベンダーに対して不具合情報の報告に関するアンケートやヒアリングを実施していれば、このようなベンダーのコントロールの状況が把握でき、不具合情報の報告について漏れを防いだり、漏れを検知したりする体制がベンダーで整備されていないといった残余リスクが存在していることを把握できたでしょう。

追加コントロールの検討

不具合情報の報告漏れを防止したり検知したりする残余リスクが委託先に存在しているのであれば、追加コントロールの導入を検討する必要があります。

追加コントロールは委託先で導入することになるため、検討は委託先と自社の担当者双方を交えて実施する必要があります。検討にあたっては、認識した残余リスクや残余リスクを許容範囲内に収めるためにどういった追加コントロールを実施してほしいのかといった要望を委託先によく伝え、自社の考えをまず理解してもらう必要があります。

この事例は大手銀行のシステムに関するもので、業務への影響の大きい製品であったため、次のような、かなり手厚い追加コントロールが導入されています。

- 改善策として不具合を全量報告したうえで対応を双方で都度協議する
- 協議結果を自社の月次会議で役員へ報告する
- ベンダー側に担当役員を設置する

小規模なベンダーや製品の需要度が低い場合は、このような経営層まで巻き込んだ手厚い追加コントロールは必要ありません。自社で報告を受け認識をしている不具合の件数をベンダーに伝え、ベンダー側で管理している不具合の件数と突き合わせをすることで漏れがないことを確認するといった現場レベルでのコントロー

ルがあれば十分でしょう。

　委託先に対して追加のコントロールを検討する際には、契約内容や委託先の体制などを考慮し、運用可能なコントロールとすることがポイントです。委託側の立場のみを考えて実施してほしいことをすべて追加コントロールとして委託先に要求してしまうと、追加コントロールをこなす自体が目的となってしまい、活動が形骸化してしまう可能性があります。現実的に実施可能な追加コントロールとなっているか、双方でよく協議して決めるようにしてください。

3.5

情報セキュリティ

事例7 アラートシステム機能不全による個人情報漏えい

業態等

教育事業

事象

顧客からの問い合わせにより顧客の個人情報が社外に漏えいしている可能性を認識し、社内調査を開始。社内調査の結果、業務委託先の職員がデータベースから個人情報を不正に持ち出していた事実を確認した。

原因

▶ データベースからの大量データダウンロードを検知するアラートシステムの設定に不備があり、当該職員が実施した大量ダウンロードを検知できなかった。

▶ 業務用PCの外部記憶媒体への書き出し制御の設定に漏れがあり、制限のかからない外部記憶媒体を業務用PCに接続することで個人情報の保存と社外への持ち出しが可能であった。

▶ データベースへのアクセス・通信ログの定期的なモニタリングが実施されていなかった。

対策

◉ アラートシステムの対象、設定等に関するマニュアルを整備し、内部監査および情報セキュリティ会社による定期的な監査を実施する。

◉ 書き出し制御設定を変更することですべての外部記憶媒体への書き出しを不可とし、業務用PCをシンクライアントPCに変更することでPC内へのデータ

> 保存を不可とした。
> ◉ モニタリングの仕組みの導入を検討することに加え、内部監査による定期的なログ監査を実施する。

出所:「お客様情報の漏えいについてお詫びとご説明」ベネッセホールディングス、ベネッセコーポレーション、2014年7月9日　https://www.benesse-hd.co.jp/ja/about/release_20140709.pdf

固有リスクの評価

　情報セキュリティに関わる業務の固有リスクとは、保護の対象となる情報資産が漏洩をしたり滅失したりすることで法令違反などが生じ、企業がペナルティを受けることや、顧客や取引先といったステークホルダーからの信頼を失墜することで売り上げの低下や顧客離れなどが生じてしまうことです。NPO日本ネットワークセキュリティ協会（JNSA）による調査によると、情報漏えい事故の中でも不正アクセスによる事故の割合は近年増加にあり、不正アクセスによる情報漏えいは主要な固有リスクとして認識すべきものであると言えます（**図3.5**）。

　また、漏えいの経路を見てみると、インターネットや電子メール、USBメモリなどの外部記憶媒体等を経由した漏えいが増加傾向にあります（**図3.6**）。このような経路では情報資産がデータ形式で漏えいするため、紙媒体での漏えいと比較すると漏えいした場合の件数が多くなります。紙と違い、データは持ち出す情報量が増えても持ち出しにかかるコストやリスクは変わらないからです。

　この事例のようなデータ資産に関わる情報漏えいは、特に識別すべき固有リスクと言えます。

コントロールの評価

　本件ではデータ資産に関わる情報漏えいの固有リスクに対し、複数のコントロールが導入されていました。次の3つです。

- アラートによる漏えいの事前検知
- 外部記憶媒体への書き出し制御による漏えいの防止

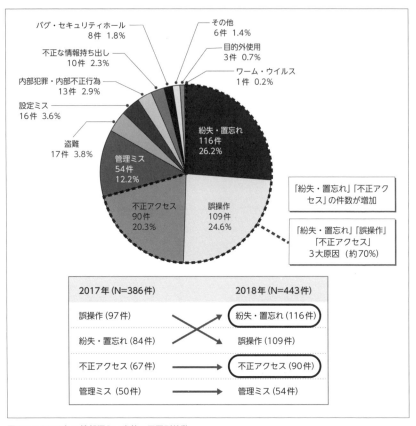

図3.5 ● 2018年の情報漏えい事故の原因別件数
出所：「2018年 情報セキュリティインシデントに 関する調査結果 ～個人情報漏えい編～（速報版）」（日本ネットワークセキュリティ協会、2019）を元に作成。
https://www.jnsa.org/result/incident/data/2018incident_survey_sokuhou.pdf

● アクセス・通信ログの保存による漏えいの事後検証

　これらのコントロールがすべて正しく機能すれば情報漏えいは発生しないと言えるでしょう。漏えいリスクに対応するためのコントロールの組み合わせとしては問題ありません。このような場合にポイントとなるのは、各コントロールの有効性です。つまり、各コントロールがカバーすべき対象を漏れなく含んでいるかということで

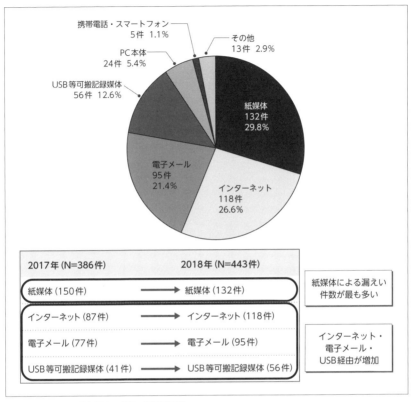

図3.6 ● 2018年の情報漏えい事故の経路別件数
出所：「2018年 情報セキュリティインシデントに 関する調査結果 〜個人情報漏えい編〜（速報版）」（日本ネットワークセキュリティ協会、2019）を元に作成。
https://www.jnsa.org/result/incident/data/2018incident_survey_sokuhou.pdf

す。この点については、次の「残余リスクの評価」で考えてみます。

残余リスクの評価

　アラートシステムによる検知では、残念ながら、業務委託先の職員が使用していた業務用PCが対象から漏れていました。対象の企業では頻繁に組織再編が行われ、業務に関する責任と権限があいまいになっていたということなので、そのような環境を背景としてアラートシステムの対象が適時適切に設定されていなかった

のではないかと考えられます。

　外部記憶媒体への書き出し制御に関しては、制御を行うシステムのバージョンアップの際に一部のスマートフォンを含む外部記憶媒体に対し制御機能が働かなかったことが原因として挙げられています。バージョンアップによるバグや、制御対象のリスト更新時の漏れなどが原因として推測されます。

　アクセス・通信ログの保存に関しては、問題が発生した際に必要に応じて事後検証を行うことができるようにログが管理されていたものの、不審な行動を把握するための定期的なモニタリングは実施されていませんでした。アラートシステムによる事前検知や、書き出し制御による漏えい防止のコントロールが導入されていることから、ログの定期的なモニタリングまでは必要ないと判断したのではないかと推測されます。

　ひとつひとつのコントロールで見ると小さな残余リスクかもしれませんが、これらが運悪く重なってしまうとこのトラブル事例のようにリスクが顕在化し、事故が発生してしまいます。

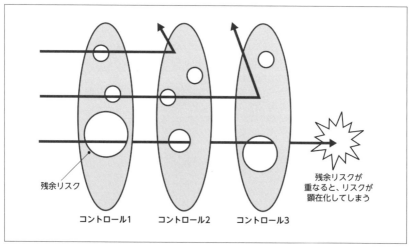

図3.7 ● 残余リスクとリスクの顕在化

追加コントロールの検討

「コントロールの評価」で述べたように、この事例ではコントロールの組み合わせは問題なく、新たなコントロールの追加は必要ないと考えられます。「残余リスクの評価」で述べた、各コントロールに内在する残余リスクを下げていくことが検討事項となります。

アラートシステムの対象が適時適切に設定されるために、組織再編や業務の責任と権限が変更となった場合に、都度各部門の管理職による点検と点検結果に応じた申請を行うプロセスを追加してもよいでしょう。また、申請漏れの可能性を考慮して、定期的な設定対象の棚卸しを実施することも必要となるでしょう。

外部記憶媒体への書き出し制御に関しては、バグやリスト漏れといった原因に応じて関連する業務プロセスの修正を実施することが考えられます。この事例ではさらに一歩進んで、業務用のPCをシンクライアントに変更しています。シンクライアントは、ローカルで使用するアプリケーションやデータファイルをサーバーで一元管理する仕組みの端末です。技術的にデータをローカル側（シンクライアント）に保存することができなくなり、より強固なコントロールを導入しています。

アクセス・通信ログは定期的なモニタリングを実施する予定としているほか、内部監査によるログ監査を定期的に実施するとしており、第1線の現場での確認と第3線の内部監査の双方でログを確認する強固な体制に変更しています。

リスクの中でも情報漏えいのリスクは特に影響度が大きいと言え、問題となった場合には本件のように広範かつ深度あるリスク対応が求められるようになります。平素から情報セキュリティに係るコントロールやリスクは注意して対処する必要があります。

事例8　不要品回収された記憶媒体の転売による機密情報流出

業態等

情報機器リユース業

事象

リユース業で回収したハードディスクなどの記憶媒体が従業員によって不正に持ち出され、約3年間の間に4000個弱の記憶媒体がインターネットオークションで転売された。その結果、記憶媒体に保管されていた官公庁などの機密情報が外部に流出した。

原因

▶ データ消去室で保管されている破壊予定の記憶媒体の個数が管理されていないため、紛失や盗難などの異常を検知できなかった。

▶ データ消去室の入退室時間は記録されていたものの、記録の確認は日常的に実施されず、問題が起きたときのみに実施されていた。

対策

◉ 要望に応じて実施していた物理破壊前と物理破壊後の記憶媒体の写真撮影を、すべての記憶媒体を対象とした。

◉ 操業時間帯の入退室時に、有人によるハンディ金属探知機での身体チェックと手荷物検査を実施する。

出所：記者会見資料「当社管理下におけるハードディスク及びデータの外部流出に関するお詫び」「再発防止策について」ブロードリンク、2019年12月9日
https://www.broadlink.co.jp/info/pdf/20191209-02-press-release.pdf
https://www.broadlink.co.jp/info/pdf/20191209-03-press-release.pdf
参考資料：神奈川情報流出　元社員「簡単、毎日盗んだ」記憶媒体3900個出品、産経ニュース、2019.12.9
https://www.sankei.com/affairs/news/191209/afr1912090013-n1.html
HDDなど転売「7844個」――行政文書流出、ブロードリンクが謝罪　ずさんな管理体制明らかに、ITmedia、2019年12月09日 18時30分公開
https://www.itmedia.co.jp/news/articles/1912/09/news129.html

固有リスクの評価

　この事例のような、記憶媒体を取り扱うケースで考えられる固有リスクは、記憶媒体の紛失や持ち出しによる情報漏えいになります。まずは、どのような形で紛失や持ち出しが発生するかについて考えてみます。そうすれば、おのずと具体的なリ

スクポイントが見えてきます。第2章の2.3節で説明したフローチャート法を使って固有リスクを考えてみると**図3.8**のようになります。

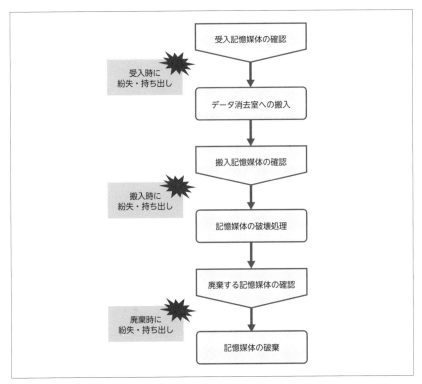

図3.8 ● 記憶媒体の取り扱いに関する固有リスク

　この事例は、顧客から記憶媒体を受領し、それを同社で保管後、廃棄するというフローになっています。このため、記憶媒体の紛失や持ち出しが発生する可能性があるのは次の3つのタイミングであることがわかります。

● 記憶媒体の受入時

● データ消去室への搬入時

● 記憶媒体の廃棄時

このように、業務をフローチャートとして書き出すと、リスクを抱えている作業がどこであるのかを明確にできます。このフローチャートからは、記憶媒体を物理的に移動させていく作業が固有リスクを発生させていることがわかります。

固有リスクの発生可能性を評価するには、それぞれの作業環境を把握・評価する必要があります。この事例では作業環境に関する情報がないためリスクの大きさまでは評価できませんが、作業が1人で行われていたり、監視が行き届かない場所であったりするような環境であれば、発生可能性は高いと言えるでしょう。固有リスクの影響度は、取り扱う記憶媒体の物理的な数量や、各媒体に保存されているデータの内容や量に依存します。

フローチャート法で固有リスクを洗い出したら、作業環境を確認してそれぞれの固有リスクの発生可能性や影響度を評価しましょう。そうすることで、優先して検討すべき固有リスクを把握できます。

コントロールの評価

この事例に関するコントロールの情報はデータ消去室に関する情報しかないので、今回はデータ消去室への搬入時を対象にコントロールを評価してみましょう。

まず、保管されている記憶媒体の個数管理は行われていませんでした。この事例では、個数管理は最低限実施すべきコントロールで、記憶媒体の特性を考慮するともう少し細かくそれぞれの記憶媒体の状態も把握・管理できるように個体管理を実施すべきです。記憶媒体が紛失・持ち出しされた場合の影響を把握するには、どの記憶媒体が消息不明であるのかを特定する必要があるからです。

次に問題になるのは、データ消去室への入退室に関する情報です。データ消去室への入退室時間は記録されていましたが、事後的に記録を棚卸し・点検することは実施されず、問題を認識した場合のみ記録を確認する運用となっていたようです。入退室時間を記録する意味を考えてみると2つの目的があります。

1つ目は、問題が発生した場合に事後検証するためです。記録を確認することで、問題発生時にデータ消去室に誰がいたかがわかり、この情報をもとに何が起きたのかを解明します。入退室の記録のようなログは、このような運用を目的として

利用されているケースが一般的です。

　2つ目は、入室操作時のエラーや業務時間外の入退室など、異常と考えられるイベントが生じたときに即座に検証するためです。このような目的で入退室の記録を利用する場合には、エラーと判断する記録のパターンを設定し、これをアラートとして管理者にリアルタイムに通知するような仕組みが必要になります。通常、こういった運用が必要になるのは、即座に問題を検知したり、問題の発生を未然に防いだりするような場合です。運用コストもかかるため、このような仕組みが利用されるケースは限定的になります。

　いま2つのコントロールを紹介しましたが、前者を「発見的コントロール」、後者を「防止的コントロール」と呼びます。機密情報を取り扱うような業務では紛失や持ち出しが事後に判明をしてもほとんど意味をなさないため、防止的コントロールを導入し機能させることが重要になります。しかし、本事例では防止的コントロールだけではなく、発見的コントロールも機能していなかったことがわかります。

残余リスクの評価

　「コントロールの評価」で説明したように、この事例では防止的コントロールも発見的コントロールも機能していませんでした。その結果、約3年という長期にわたって記憶媒体の持ち出しに気づくことができませんでした。

　また、公表資料によると、ネットオークションの出品情報と出品された商品の画像から記憶媒体のシリアルナンバーを確認し、持ち出された記憶媒体の照合をしたとしています。このことから推察すると、記憶媒体の受入時および廃棄時のコントロールも機能しておらず、企業側に記憶媒体の受け払いの情報がなかったと考えられます。

　この推察が正しいとすると、本事例では施設への受入時、データ消去室への搬入時および廃棄時という固有リスクが生じるすべてのポイントにおいてコントロールが実施されておらず、固有リスクがそのまま残存リスクとして残っていたということになります。まったくコントロールが機能していなかったとすれば、長期間にわたって大量の記憶媒体が不正に持ち出されていても不思議はありません。

追加コントロールの検討

　「残余リスクの評価」で解説したように、コントロールが機能していない状況ですので追加コントロールとして検討すべき内容はシンプルです。固有リスクに対して防止的コントロールまたは発見的コントロールを導入することを検討します。

　受入時には持ち出しよりも紛失のリスクが高いため、企業から記憶媒体を回収した際の媒体リストと現物の照合という発見的コントロールを導入します。受入時の時点でリストと現物に不一致が生じていた場合には、搬送時の紛失や誤配送など、施設の外で問題が生じている可能性が高いことがわかります。

　データ消去室への搬入後は室内で記憶媒体が保管されることになり、紛失よりも持ち出しのリスクが高くなるため、防止的コントロールとして不審な入退室をリアルタイムで検知し、アラートで通知する仕組みを導入するのがよいでしょう。持ち出しを未然に防ぐという意味では、この作業に防止的コントロールを導入するのが効果的です。

　廃棄時も受入時と同様に、データ消去室から搬出した記憶媒体のリストと現物の照合を実施する発見的コントロールを導入します。この作業でも持ち出しより紛失のリスクが高いと考えられるため、照合によってリストと現物の不一致を発見できるようになります。万が一、データ消去室への搬入時の防止的コントロールをすり抜けて記憶媒体が持ち出された場合は、発見的コントロールで検知することもできます。

　このように、各作業の特性を考えながら導入するコントロールを検討することが肝要です。

Column

||||||||||||||||||||||||||||||||||||||||||||||||||||||||||||||||||||||||||

近年のリスクマネジメントのトレンド

||||||||||||||||||||||||||||||||||||||||||||||||||||||||||||||||||||||||||

　このコラムでは、筆者が日々リスクマネジメントの業務に関わっている中で感じる、近年のリスク対応のトレンドについてご紹介したいと思います。是非押さえておいていただきたいものとして、防止的コントロールと発見的コントロールについて説明します。

●防止的コントロールと発見的コントロール

　リスクマネジメントの対応で多くを占めるのが、リスクを低減するためのコントロールの導入です。この場合のコントロールは、リスクの発生可能性を低減させるための「防止的コントロール」、リスクの影響度を低減させるための「発見的コントロール」に大別することができます（**図3.9**）。

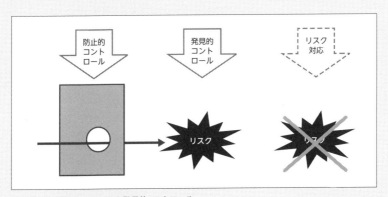

図3.9 ● 防止的コントロールと発見的コントロール

　内部統制への対応するためのコントロールを検討するときは、防止的コントロールと発見的コントロールをどのように組み合わせるかを議論します。また内部統制に限らず、リスクの低減策を検討する場合にはこの2つのコン

トロールのいずれかまたは両方を組み合わせて対応します。

　システムのID管理を例にとると、ID発行時の申請が申請者の職務内容やID権限表に基づいて正しい内容となっているかをチェックするコントロールが「防止的コントロール」になります。チェックの結果、申請内容が正しくないと判断した場合にはその申請は却下され、IDは発行されません。チェックにより不適当な申請を却下することで、不要なIDが発行されるというリスクを防止しています。一方、年に一度発行されたIDを棚卸し、不要なIDが発見された場合にはそのIDを削除するというコントロールが「発見的コントロール」になります。

　防止的コントロールはリスクの発生可能性を低減させるため、リスクをつぶすという観点では効果が高い一方、対応には相応のコストが発生するという特徴があります。IDの申請書が提出される都度その内容をチェックすると、チェックにはそれなりの時間がかかることはイメージできるでしょう。

　発見的コントロールは、発生してしまったリスクを速やかに対応することで影響度を低減させるため、リスクをつぶすという点では効果が高いとは言えないものの、対応するコストは防止的コントロールと比べて低くなるという特徴があります。年に1回、発行済みのIDをチェックする作業は、申請書を都度チェックするのに比べて必要な時間は圧倒的に少ないことがイメージできるでしょう。

　筆者がこれまでの業務で大小さまざまな企業のリスクマネジメントに関わってきた経験から見ると、伝統的な多くの日本企業は防止的コントロールに重点を置いているように感じます。これはリスク対応をするのであればリスクが顕在化しないようにするのが当たり前という経営者の考え方があるのではないかと思います。また、リスクマネジメントを対応する担当者としても、コスト効率を考慮して一定のリスクの発生可能性が残存するという報告を経営向けにしづらいことも理由ではないかと考えています。

　防止的コントロールに比重を置いたコントロールを導入した場合に問題となってくるのは、コスト効率と業務のスピードです。防止的コントロールに

は多くのコストが必要になることは先に述べたとおりで、これを増やすごとに担当者の追加が必要になり、担当者が作業する作業量は増加します。また事前のチェックが増えることにより、業務のスピードも低下します。

　第1章でも述べたように、現在はスピードと効率性が求められる時代に突入しており、このようなリスクマネジメントでは伝統的な日本企業は勝ち残っていくことは難しいのではないかと筆者は懸念しています。

●発見的コントロールを使うときはいつ？

　筆者はいわゆるITベンチャーと呼ばれる企業での経験もありますが、こういった企業ではスピードと効率性を優先して、防止的コントロールではなく発見的コントロールに力を入れている印象があります。

　発見的コントロールに重点を置く場合は、いかに早くリスクの顕在化を発見するかがポイントとなります。ITベンチャーではITを活用することでこのポイントにうまく対応しています。

　記憶媒体の取り扱いを例にとると、ITベンチャーではPCへの記憶媒体の接続を制限していないようなケースがあります。防止的コントロールで対応するのであれば記憶媒体の接続は技術的に制限し、申請ベースで許可をして接続を許可するような運用とするところです。しかしこのケースのように常時接続を許可している場合には、記憶媒体が接続されたことをリアルタイムに管理者へチャットで通知することで即時に対応することを可能としています。接続の検知から対応までの時間に記憶媒体を利用してデータの持ち出しなどが行われるリスクは残存しますが、そこはリスク対応にかかるコストや対応までの時間などを総合的に検討し、受容可能なリスクと判断しているようです。

　このように、発見的コントロールで十分なリスク対応ができると判断できる業務は防止的コントロールを採用しないことで、業務のスピードや効率性やスピードを確保していくことがこれからの企業には求められるのではないかと筆者は考えています。

　企業戦略の面では法令やコンプライアンスに抵触する可能性など、一定程度のリスクは受容することで新たなサービスや製品を他社に先駆けてスピーディーに提供している企業が増えてきています。リスクマネジメントでも同様に、発見的コントロールを上手に活用したリスクマネジメントを実施することで、業務の効率性やスピードの確保に貢献することが求められていくでしょう。そのためにはこれまでの前例や慣習に囚われず、防止的コントロールと発見的コントロールをうまく使い分け、発見的コントロールを積極的に活用できることが、成長する企業にとって重要なポイントとなるでしょう。

第 **4** 章

リスクマネジメントプロフェッショナル
へのキャリアパス

4.1

リスクマネジメントを仕事にする

ここではリスクマネジメントを担うプロフェッショナルになるためのキャリアパスについて説明します。さまざまなキャリアパスが考えられますが、筆者の経験に基づいて詳細に解説します。

4.1.1　リスク管理部門

　リスク管理部門へのキャリアパスとして最初に挙げられるのは、第1線の業務を実際に経験した役職員が第2線であるリスク管理部門に異動し、リスク管理部門の業務を行うというものです。リスク管理部門の業務を実施するためには、モニタリングの対象である第1線の業務をよく理解していることが何より重要です。業務を理解しているということは、書籍やウェブなどから得られる教科書的な知識を理解しているだけではなく、実際の業務を実施する中で経験したイレギュラーな対応や問題などを通じて、リアルな業務の実態やリスクを理解しているということです。

　たとえば、システムへのアクセス権限付与は第1線の部門が管理していて、通常は申請書を提出して権限を付与してもらいます。ただしシステム障害対応の場合には、緊急時対応として申請書を提出せずに権限を付与できます。これは例外的な運用です。

　もしこのような例外運用が社内規程などで定められていない場合、申請書を介さずに権限付与が行われていることを第2線であるリスク管理部門が容易に把握するのは困難です。このような運用が継続されると、組織が把握しないアクセス権限が存在することになり、アクセス権が悪用されたり、アクセス権限を持つ役職員が

悪意を持った場合にはシステムのデータを不正に閲覧したり操作したりすることにより損害が発生する可能性があります。

　申請プロセスに問題があることもあります。担当業務の変更に伴うアクセス権限の変更時に、新たな業務で必要となるアクセス権限の追加のみが申請され、使用しなくなったアクセス権限を削除する申請が行われないようなケースです。この場合も、前述の例と同様の不正アクセスリスクが生じることになります。

　こういった現場で発生しているイレギュラーな運用や問題は第1線で日々の業務を行う担当者が最も把握しています。第1線での業務経験に基づき、イレギュラーな運用や問題が生じそうなポイントもある程度推測できます。こういったリスクが生じるポイントを把握できる、または推測できる役職員が第2線のリスク管理部門にいれば、第2線でのリスクマネジメント業務をより効率的・効果的に行うことができます。

　第1線の業務を担当している役職員がリスク管理部門への転身を考える場合には、まず本書の第2章で説明したようなリスクの評価やコントロールを意識しながら、第1線での日々の業務に従事する必要があります。

　担当している業務の中で、リスクが発生するポイントはどこなのか、そのポイントに対してどのようなコントロールが実施されているか、コントロールが不足している場合にはどのようなコントロールを追加すべきかなどについて日々考えながら業務を実践していくのです。こういった第1線でのリスクマネジメントのPDCAサイクルの活動が自分自身でしっかりとできるようになれば、第2線でモニタリングをする際の勘所もわかるようになります。

　あるいは、リスクマネジメントを理論の面からしっかりと身につけたいのであれば、本書の付録で紹介しているリスクマネジメントのフレームワークを学習すると、第1線および第2線でのリスクマネジメント業務をより効果的に実施することができるようになります。

　もうひとつのリスク管理部門へのキャリアパスは、リスクコンサルタントからの転身です[1]。リスクコンサルタントは、業務を通じて多くの組織のリスクマネジメント

【1】　リスクコンサルタントへのキャリアパスについては4.1.4項で説明します。

キャリアアップ！

に関わるコンサルティング業務に従事しており、さまざまなリスクへの対応についての知見があることが強みです。

　リスクマネジメントは、まず自社のリスクを許容可能な範囲に収めるために実施します。そのほかに、同じ規模の組織や同じ業界の組織と比べて自社のリスクマネジメントの水準はどうなのかといった観点でリスクマネジメントのレベルを検討する場合があります。

　リスクマネジメントに関心の高い経営陣であれば業界水準より高いリスクマネジメントを自組織に求める場合があるでしょうし、いわゆるベンチャー企業の経営陣であればまずは業界水準までいかなくとも最低限のリスクマネジメントができていればよいと考えることもあるでしょう。そういった場合には、リスクコンサルタントに業界水準とのフィット＆ギャップ▼を実施してもらうことで自組織の水準を評価することが可能です。しかし、フィット＆ギャップを実施するために費用がかかり、評価にも時間がかかります。定期的に業界標準との差異を把握するためにフィット＆

ギャップを実施したい場合にはリスクコンサルタントを活用するという選択肢は有効ですが、費用がかかりすぎます。リスク管理部門にリスクコンサルタント経験者がいると、簡便にフィット＆ギャップを実施できるようになります。

　第1線での業務経験を有するリスク管理部門の役職員は、組織固有の状況やリスクをよく知っているという点で第2線でのリスクマネジメント活動に貢献することができます。リスクコンサルタントを経験したリスク管理部門の役職員は、さまざまな規模や業界のリスクマネジメントに関する業務経験を持つため、第2線でのリスクマネジメント活動に貢献できます。それぞれに異なる強みがあるため、第1線の業務経験とリスクコンサルタントの業務経験を持った役職員をバランスよく配置できると第2線として理想的な体制になります。

4.1.2 内部監査部門

　内部監査部門へのキャリアパスとして考えられるのは、第1線の現場部門や第2線のリスク管理部門での業務経験を経て、内部監査部門へ異動するケースです。内部監査部門もリスク管理部門と同様に、業務を実施するにあたってはまず自組織の業務をよく理解する必要があります。そのため、第1線や第2線での業務を通じてリスクを把握していることは内部監査部門の業務に役立ちます。

　第1線や第2線のリスク管理部門から内部監査部門へ異動するケースには、内部監査部門の役職員として業務を継続的に実施する場合と、一時的に内部監査部門に異動して業務を担当する場合があります。

　継続的に内部監査部門の業務を実施する場合は、内部監査部門の内部監査人としての知識や経験を積みながら内部監査を実施していくことになります。内部監査の専門家として継続的に業務を実施するには監査論や内部統制など関連する専門知識が必要になるため、リスクマネジメントのフレームワークについて学習をした

用語 **フィット＆ギャップ**：狭義では、パッケージソフトの機能と自社業務に適合している部分（フィット）と適合していない部分（ギャップ）を調査することを指す。現在はもっと広い意味で使われ、現状と目標との差（ギャップ）を分析することも含まれる。「ギャップ分析」とも言う。

り、リスクマネジメントに関する資格を取得しながら身につけていきます。

　特に、内部監査にはさまざまな原理原則があり、この原理原則を外れないように内部監査業務を実施することは必須条件となります。2-4-4項で説明した「専門職的実施の国際フレームワーク（IPPF）」にはこの原理原則がわかりやすく体系的に整理されているため、まずはIPPFを理解するところから始めるとよいでしょう。

　その後、内部監査の経験を積みながら関連資格である公認内部監査人（CIA）[2]や公認情報システム監査人（CISA）[3]やシステム監査技術者[4]といった資格を取得していけば、内部監査のプロフェッショナルとしての知識や経験を十分に身につけることができます。

　内部監査部門には実際に各リスクカテゴリの内部監査を実施するチームがあり、内部監査計画の策定や内部監査の規程の整備を行う企画部門が通常は設置されています。内部監査の実務を十分に経験したあとには企画部門に移り、内部監査に関わる管理業務を経験することも可能になります。具体的には、第1線や第2線および経営陣とコミュニケーションを図りながら全社のリスクを俯瞰して内部監査計画を策定したり、内部監査の結果を記載した監査報告書のレビューを行います。

　内部監査の実務と企画業務の経験があれば、内部監査部門を統括する内部監査部長へのキャリアパスも考えられます。組織によっては、執行役員や取締役といった経営層へ登用する組織もあります。

　リスクマネジメントは組織の攻めと守りで言うと守りの部分であり、全社を俯瞰してリスクマネジメントの観点から内部監査を実施した経験は組織運営においても非常に大きな力となるためです。将来的に組織の経営に携わりたいという人にとっては、内部監査部門からそのキャリアを目指すというもの選択肢のひとつになります。

　次に、一時的に内部監査部門に異動する場合は、第1線や第2線の各業務に係る具体的かつ詳細な業務のリスクを把握する役職員として、継続的な内部監査の実施を補佐する役割を担います。また、異動の任期が終わると、異動前に所属して

【2】　CIAの詳細については、本章の4.2.5項を参照してください。

【3】　CISAの詳細については、本章の4.2.1項を参照してください。

【4】　システム監査技術者の詳細については、本章の4.2.2項を参照してください。

いた部門に戻ります。内部監査部門での業務経験を活かして、第1線や第2線での
リスクマネジメントを一層向上させることを期待されます。

　一時的に内部監査部門の業務を担当することになるため、実際に業務を実施す
る際には他の内部監査部門の役職員によるOJTなどの支援を受けながら進めてい
くことになります（もちろん、リスクマネジメントのフレームワークを学習したり、リ
スクマネジメントに係る資格を取得したりといったことを妨げるものではありませ
ん）。このとき求められている役割は、内部監査のフレームワークを理解して実践
することではなく、第1線や第2線での業務経験から把握しているリスク情報を部
門内に共有し、効率的・効果的な内部監査の推進を支援することです。特に第1
線の業務やリスクの状況は時間の経過に伴って変化していくため、直近に第1線で
業務を実施していた役職員からの業務やリスクに係る情報は、内部監査を実施す
るにあたって価値ある重要なものになります。

　内部監査の実務を経験して異動前の所属部門に戻ったあとは、内部監査部門で

の内部監査経験を活かして現場でのリスクマネジメント活動に戻ります。内部監査部門による内部監査では、監査テーマに応じて全社横断的にインタビューを実施したり関連資料を閲覧したりします。そのため、個別の業務や部門に留まらない全社を俯瞰したリスクの把握や評価を行うことになります。

　このような全体を俯瞰した視点でのリスクマネジメントは、第1線の部門で業務を実施しているだけではなかなか経験できないものです。自部門の業務に留まらず、他部門や外部との連携も含めた全体俯瞰の観点でリスクを考えることで、それまでは見えていなかったリスクを把握できるようになります。また、他部門や外部連携も含めたコントロールも検討できるようになります。木を見て森を見ず、と言う言葉がありますが、まさに内部監査部門での業務を経験することで森を見たリスクの把握・評価やコントロールを検討できるようになるのです。

　第1線でのリスクマネジメントがより強固なものになっていけば、第2線のリスク管理部門は強固になった第1線のリスクマネジメントのモニタリングに割く人員や時間を減らすことができ、削減した人員や時間をよりリスクの高い部分にあてることができ、効果的・効率的なリスクモニタリングができるようになります。

一時的に異動

内部監査部門

復帰

　このように、内部監査部門の体制としては、継続的に内部監査を実施する役職員をリスクマネジメントのプロフェッショナルとして知識と経験の両面で育成していきます。

　一方、第1線の現場の業務やリスクの状況を適時適切に把握するために一時的な異動者を受け入れ、継続的に内部監査業務に従事する役職員が異動者をフォローしながら内部監査の業務を遂行していくというケースもよく見かけます。また、リスク管理部門のように、監査に関する専門的な知見をもつ要員を確保したい場合には、外部監査人やリスクコンサルタントの経験を有する人員を外部から採用し、内部監査部門の役職員として業務に従事させるケースもあります。

　外部からこういった専門家を雇い入れるケースは、会社が新規事業を開始する場合によく見られます。第1線や第2線のリスク管理部門、内部監査部門も含めて新規事業に関する業務やこれに付随するリスク、規制に関する知識や経験などがないわけですから、専門家を異動者として受け入れるのは合理的です。外部監査人やリスクコンサルタントが内部監査部門へのキャリアパスを考える場合には、このような状況にある組織での活躍の機会を探るとよいでしょう。

4.1.3　外部監査人

　外部監査人になるには、まずは外部監査を実施する監査法人などに就職することになります。監査に関する経験や知識、資格などがない状態では、潜在能力や可能性を重視したポテンシャル採用での入社となります。入社後に監査に関する資格習得などを通じて監査論を学び、外部監査を実践しながら監査のスキルを身につけていくことになります。

　ポテンシャル採用の際には、コミュニケーション能力、論理的思考、文章力など、監査を実施するうえで必要となるスキルをチェックされます。また、会計監査であれば会計に関する知識や業務経験、IT監査であればITに関する知識や業務経験など、担当する監査領域に係る知識・経験もあわせてチェックされます。

　日本国内の代表的な監査法人としては「4大監査法人」と呼ばれるEY新日本有限責任監査法人、有限責任あずさ監査法人、有限責任監査法人トーマツ、PwCあ

らた有限責任監査法人があります。また、それぞれの監査法人はグローバルの会計ファームに属しており、監査法人の業界では所属ファームの名称、EY、KPMG、Deloitte、PwCの名前で呼ばれることが多いです。

　第2章の2.4.5項で触れたように、外部監査には法定監査と任意監査がありますが、外部監査人は主に法定監査を担当します。法定監査は会社法や金融商品取引法といった法令に基づくものであるため、会社ごとに外部監査人が監査の基準や手続きを定めるといったことは実施しません。監査の品質を確保するため、監査法人ごとにベースとなる監査基準や監査項目があらかじめ定められており、原則はこの基準や項目に沿って法定監査は実施されます。

　社内で法定監査を実践していく中で、監査法人が定める基準や項目を理解していくという方法もよいですが、これらの基準や項目はCOSOやCOBIT▼といったリスクマネジメントのフレームワークをベースにしていることが多いため、こういったフレームワークをあらかじめ学習したり理解を深めておいたりすると、法定監査を実施する際にスムーズに業務に入ることができます。

　外部監査人として法定監査の担当になったときは、現場での監査の取りまとめを行うマネージャーのもと、スタッフとして割り振られた監査項目の監査手続きを実施することになります。法定監査の経験を積んでくると、次はシニアスタッフとしてマネージャーの補佐として監査クライアントとの調整やスタッフの監査作業のフォローなどの管理業務も任されるようになります。

　マネージャーになると、単体または複数の法定監査のスケジュールや進捗の管理など、所謂プロジェクトマネジメントを担当します。具体的には、法定監査の監査クライアント訪問の日程調整、スタッフへの業務割り振り、スタッフの成果物（監査チェックリストや監査調書、監査報告書など）のレビュー、上位の管理職や品質管理部門による成果物レビューの結果に基づく成果物の見直し・更新など、さま

用語 COBIT (Control Objectives for Information and Related Technology)：情報技術（IT）についての成熟度、ガバナンス、ベストプラクティスなどを統合したフレームワーク。内部監査ななどとも整合性を保った体系となっている。策定したのは、アメリカの業界団体であるISACA（情報システムコントロール協会）。https://www.isaca.org/

ざまな業務が発生します。以降はシニアマネージャー、ディレクターと職階が上がるたびに、プロジェクトマネジメントの対象が大きくなっていきます。

　監査法人の中で外部監査人としてのキャリアを伸ばしていくと法定監査の実務からは離れていき、管理職として法定監査プロジェクトのプロジェクトマネージャーとして管理業務を担っていくことになります。

　一方、監査法人での法定監査の経験を踏まえ、内部監査部門に転身をするケースもあります。法定監査の実施を通じて監査論や監査の要諦を理解し実践できるという能力は、内部監査でも活かすことができます。複数の法定監査を経験することで、リスクに対する実践的なコントロールの方法をよく知っていることも、内部監査を実施していくときには大きな資産になります。組織の業務やプロセスについては内部監査部門に転身をしてからそれぞれ学んでいく必要はあるものの、監査の基礎を持つ外部監査人であればキャッチアップにもそう時間はかからないでしょう。

　外部監査人となった以降は、大きく分けると監査法人の中でキャリアを伸ばしていくか、内部監査部門に転身をして新たな道をいくか、といったキャリアの選択肢が考えられます。

4.1.4　リスクコンサルタント

　リスクコンサルタントは、4.1.3項で触れた監査法人をはじめ、コンサルティングファームやシンクタンク、ITベンダーなどさまざまな企業で働きます。リスクコンサルタントとなるためには、外部監査人と同様にコミュニケーション能力、論理的思考、文章力などのスキルがチェックされます。そのため、コンサルティングの経験がない人がリスクコンサルタントを目指す場合には、現業の日々の業務の中でこれらのスキルを意識しながら身につけていく必要があります。特にコンサルタントはクライアント関係者との折衝やプレゼンテーションなどで論点を論理的に整理し、伝える技術を求められるため、スキルの中でも論理的思考能力が重要になります。ロジカルシンキングに関するトレーニングや書籍も多くありますので、こういったものを活用してスキルを高めていくのもよいでしょう。

　ここでは監査法人でのリスクコンサルタント職について見ていきましょう。

　監査法人におけるリスクコンサルタントの仕事は、非監査業務や任意監査に該当する領域になります（**図4.1**）。つまり、リスクコンサルタントは企業からの任意の依頼に基づき、そのニーズに合わせて任意監査やリスクコンサルティングを実施します。

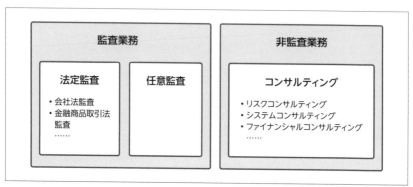

図4.1 ● 監査法人の業務

　任意監査の例としては、金融庁が金融機関向けに公開している検査マニュアルや事務ガイドラインを監査基準として外部監査を実施するケースが挙げられます。任意監査の形式をとる場合は、通常は監査報告書を作成することになります。任意監査を採用するのは、内外のステークホルダー（組織の経営陣、管理職、親会社、委託元、金融庁など）に対し、監査基準への適合状況や不適合となっている項目等の評価を、外部の専門家であるリスクコンサルタントから入手することを目的としている場合です。

　内部監査部門でも役職員に監査基準に基づき評価をするスキルがあれば同様の任意監査を実施できる場合もあります。しかし、豊富なコンサルティング経験を有するリスクコンサルタントのほうがより高い専門性を持っており、組織から独立した外部機関であることから組織の影響を受けず、客観的な評価を実施することが可能であるため、外部に委託するケースが多いです。

　法定監査では監査基準との適合性を評価したうえで監査意見を表明するのが主目的であり、監査によって発見された課題や問題についてはその事実を伝えるの

みに留まり、助言は原則行いません[5]。しかし任意監査では監査基準との適合性を評価することに留まらず、監査によって発見された課題や問題に対する改善の方策などについて助言します。

コンサルティング形式でリスクコンサルティングを実施するのは、ステークホルダーへの報告のための報告書といったものが特に必要がないケースで、コンサルティングを受ける部門の自主的な改善を支援するのが目的のケースです。例としては、システム障害が多発している原因をリスクの観点から分析し、原因を特定したうえでこれを改善していくようなケースです。任意監査のように基準を用いることは必須ではなく、リスクコンサルティングの目的を達成するために活用できると判断した場合には、それに適したフレームワークを用いるケースもあります。

コンサルティングのよく用いる手法として、**仮説検証アプローチ**があります。事前作業で入手した資料やプレヒアリングでの情報を論理的に分析し、リスクコンサルタントはまず課題や問題を生じさせる原因やシナリオの仮説を立てます。この仮説を検証するために、その後の本番作業で追加の資料を確認したり、関係者へのインタビューを実施します。これで、効率的にコンサルティングを実施することができます。ただし、コンサルティングは状況や目的に応じてさまざまな手法が活用できるため、どのようなケースでどういった手法を用いるかリスクコンサルタントの経験に大きく依存します。未経験でリスコンサルティングを始めた場合には苦労する部分になりますが、経験を積むにつれてさまざまなアプローチができるようになっていきます。

外部監査人での説明と同じように、リスクコンサルタントもコンサルタントしての経験を積んだあとにマネージャーとなり、リスクコンサルティングの各プロジェクト管理を実施していくことになります。管理職になれば、プロジェクトを獲得するための営業活動も重要な業務のひとつとなってきます。シニアマネージャー、ディレク

【5】　外部監査人が助言をし、組織が助言に従って課題や問題の改善を行ってしまうと、外部監査人は次回の法定監査で自らが改善提案した内容を自ら評価することになります。これを「自己監査」と言います。自己監査になってしまうと自らが提案した改善策にもし不足あるいは不備があったとしてもそれを不可とする外部監査人はまずいないため、結果公正な監査が実施できなくなってしまいます。

ターと職階が上がるたびに、プロジェクトマネジメントの対象が大きくなっていくのも同様です。

　リスクコンサルタントも、その経験を踏まえてリスク管理部門へと転身をすることが可能です。さまざまなプロジェクトを通じて身につけたリスクやリスクマネジメントに関する幅広い知見は、リスク管理部門でリスクマネジメントを実施していく上でも大きな強みとなります。特に、大小さまざまな組織でのリスクコンサルティングの経験があれば、リスク管理部門として第1線の部門へ改善提案をする場合に、実践的で効果的な提案ができるはずです。

　リスクコンサルタントも、リスクコンサルタントとして継続してキャリアを伸ばしていくか、リスク管理部門に転身をして新たな道をいくかといったキャリアの選択肢が考えられます。

4.2

リスクマネジメントに関する資格

　リスクマネジメントを効果的に実践していくためには、関連知識を勉強し理解することが重要になります。これから説明する資格はリスクマネジメントに関連する資格であり、これらの資格を取得する過程でそういった知識を体系的に学ぶことができます。また、一部の資格は認定を取得するために一定の実務経験を求められるものもあります。資格を取得することでリスクマネジメントに関する知識と経験を有するプロフェッショナルであることを証明することができますので、興味を持った資格があれば取得を目指すとよいでしょう。

4.2.1　公認情報システム監査人（CISA）

　公認情報システム監査人（Certified Information Systems Auditor：**CISA**）は、情報システムに関し国際的に利用できる知識やその実践手続きなどの開発、導入に取り組む米国の団体である情報システムコントロール協会（ISACA）によって認定される国際資格です。ISACAは1967年から活動を開始し、現在は世界80か国以上に200以上の支部を持つ国際組織です。

　CISAは、情報システムの監査およびコントロールに関する専門家資格であり、日本では30年ほど前に紹介され、内部統制報告制度（J-SOX）が開始された2008年前後から特に注目度が上がり、資格取得者が増加しました。ISACAには複数の認定資格がありますが、CISAが最も有資格者も多い資格となっており、1978年以降世界で15万人以上が認定を受けています。CISAの認定を受けるためには、ISACAが実施する試験に合格するとともに、所定の業務要件を満たす必要がありま

す。CISAの試験区分は**表4.1**のようになっています。

表4.1 ● CISAの対象ドメインと出題割合（%）

対象ドメイン	概要
ドメイン1　（21%） 情報システム監査のプロセス	IT監査基準に従い、組織における情報システムの保護および管理を支援するために情報システム監査サービスを提供する
ドメイン2　（17%） ITガバナンスとITマネジメント	目標を達成し、組織の戦略を支援するために必要とされるリーダーシップ、組織構造、およびプロセスを備えているという保証を提供する
ドメイン3（12%） 情報システムの調達、開発、導入	情報システムの取得、開発、テスト、および導入の業務が組織の戦略と目標を満たしているという保証を提供する
ドメイン4　（23%） 情報システムの運用とビジネスレジリエンス	情報システムの運用、保守およびサポートが、組織の戦略と目標を満たしているという保証を提供する
ドメイン5　（27%） 情報資産の保護	組織のセキュリティ方針、基準、手順、およびコントロールが、情報資産の機密性、完全性、可用性を確保する保証を提供する

出所：公認情報システム監査人（CISA：Certified Information Systems Auditor）、ISACA東京支部
http://www.isaca.gr.jp/cisa/index.html

　対象ドメインから150の選択式の設問が設定されており、試験時間は240分となっています。試験は日本語のほか、英語、中国語など10の言語で受験可能です。試験結果は、異なるバージョンのテストの結果を同じ基準で評価するために、実際の得点を共通の基準で変換した段階評価スコアで200点から800点までに変換し、450点以上のスコアを取得すれば合格となります。

　試験合格後は、申請時点から遡って過去10年以内で、5つのドメインいずれかに関する5年以上の実務経験を申請書で報告することでCISAの認定を受けることができます。また、認定後はISACAの定めるカテゴリに関する所定の教育を受け、年間20CPE（50分の学習時間を1CPEとして計算）以上、3年で合計120CPEを取得し、ISACAに報告しなければ認定を維持することができません。また資格の維持には、ISACAの定める更新費用を毎年支払う必要があります。

　ISACAの資格認定を受けるためには、試験合格に加え関連する実務経験が要求され、また認定後は資格を維持するために継続教育を実施する必要があります。認定や維持には相当のハードルがある一方、情報システムの監査およびコントロール

に関する専門家としての実力を示すためには非常に有益な資格になります。内部監査人または外部監査人としてIT監査を担っていくことを志望する人にとっては、CISAは登竜門的な資格となります。

4.2.2 システム監査技術者

システム監査技術者は、情報セキュリティ対策の実現、IT社会の動向調査・分析・基盤構築、IT人材の育成などの活動を行っている独立行政法人情報処理推進機構（Information-technology Promotion Agency：IPA）が認定する情報処理技術者試験の資格のひとつです。情報処理技術者試験は、情報処理技術者試験の中では、高度な知識・技能が必要とされる高度試験として位置づけられています。IPAは前身となる情報処理振興理事会の事業を継承し、2004年に設立されました。

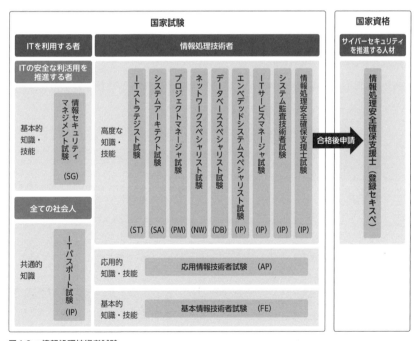

図4.2 ● 情報処理技術者試験
https://www.jitec.ipa.go.jp/1_11seido/seido_gaiyo.html

　システム監査技術者もCISAと同様に、情報システムの監査やリスクコントロールに関する専門資格です。1986年に情報処理システム監査技術者の資格試験が新設され、延べ54万人が受験し、約3万2000人が認定を受けています。1994年に制度改正によって「システム監査技術者試験」に改称しています。2009年に直近の制度改正が行われており、この改正後の合格率は14%程度で推移しています。情報処理技術者試験はITエンジニアの業務に関連する資格が多い中、システム監査技術者は監査に関連する資格であるため、受験者は他の資格と比べると多くはありません。しかし、情報システム監査の仕事を志望する人にとってはCISAと並んで資格取得を目指す資格になっています。

　情報処理技術者試験（高度試験）は、**表4.2**にあるような4つの試験区分で構成されています。午前Ⅰおよび午前Ⅱの試験はすべての高度試験に共通の内容になっており、**図4.3**にある情報システムに関する幅広い知識について問われます。午前Ⅰおよび午前Ⅱとも、100点満点のうち60点以上で合格となります。

　午後Ⅰおよび午後Ⅱはシステム監査に係る専門知識を問う設問となっており、**表4.3**にあるような出題区分から出題されます。午後Ⅰ、午後Ⅱともに100点満点のうち60点以上で合格となります。なお、IPAの高度試験は各試験区分のテストで合格点に満たない場合、以降テストは採点されません。

　システム監査技術者試験の試験はCISAと比べて試験範囲が広く、かつ四肢択一式から記述、論述式と出題形式も多様であるため、試験対策には相当の労力が必要となります。ただし、CISAのような継続教育や更新といった仕組みはないため、一度資格を取得してしまえばシステム監査技術者の有資格者として活動をすることができます。資格維持のために費用や時間を費やしたくない人には、このシステム監査技術者は適した資格となっていまます。

表4.2 ● システム監査技術者試験の出題形式と出題数

試験区分	試験内容		試験区分	試験内容	
	出題形式	出題数（解答数）		出題形式	出題数（解答数）
午前Ⅰ	四肢択一式（マークシート）	30問（30問）	午後Ⅰ	記述式	3問（2問）
午前Ⅱ	四肢択一式（マークシート）	25問（25問）	午後Ⅱ	論述式	2問（1問）

共通キャリア・スキルフレームワーク（出題分野＼試験区分）					情報セキュリティマネジメント試験	基本情報技術者試験	応用情報技術者試験	高度試験・支援士試験 午前Ⅰ（共通知識）	午前Ⅱ（専門知識） ITストラテジスト試験	システムアーキテクト試験	プロジェクトマネージャ試験	ネットワークスペシャリスト試験	データベーススペシャリスト試験	エンベデッドシステムスペシャリスト試験	ITサービスマネージャ試験	システム監査技術者試験	情報処理安全確保支援士（登録セキスペ）
分野	大分類		中分類														
テクノロジ系	1	基礎理論	1	基礎理論													
			2	アルゴリズムとプログラミング						○3		○3	○3	◎4	○3		
	2	コンピュータシステム	3	コンピュータ構成要素						○3		○3	○3	○3	○3		
			4	システム構成要素	○2									◎4			
			5	ソフトウェア		○2	○3	○3						◎4			
			6	ハードウェア													
	3	技術要素	7	ヒューマンインタフェース													
			8	マルチメディア													
			9	データベース	○2					○3			◎4		○3	○3	○3
			10	ネットワーク	○2					○3		◎4		○3	○3	○3	◎4
			11	セキュリティ	◎2	◎2	◎3	◎3	◎4	◎4	◎3	◎4	◎4	◎4	◎4	◎4	◎4
	4	開発技術	12	システム開発技術						◎4	○3	○3	○3	◎4		○3	○3
			13	ソフトウェア開発管理技術						○3	○3	○3	○3	○3			○3
マネジメント系	5	プロジェクトマネジメント	14	プロジェクトマネジメント	○2						◎4				◎4		
	6	サービスマネジメント	15	サービスマネジメント	○2						○3				◎4	○3	○3
			16	システム監査	○2										○3	◎4	○3
ストラテジ系	7	システム戦略	17	システム戦略	○2	○2	○3	○3	◎4	○3							
			18	システム企画	○2				◎4	◎4	○3						
	8	経営戦略	19	経営戦略マネジメント					◎4							○3	
			20	技術戦略マネジメント					○3								
			21	ビジネスインダストリ					◎4					○3			
	9	企業と法務	22	企業活動	○2				◎4							○3	
			23	法務	◎2				○3		○3				○3	◎4	

注記１　○は出題範囲であることを，◎は出題範囲のうちの重点分野であることを表す。
注記２　2，3，4は技術レベルを表し，4が最も高度で，上位は下位を包含する。

図4.3 ● 情報処理技術者試験：午前の出題範囲

出所：情報処理技術者試験 情報処理安全確保支援士試験　試験要綱Ver.4.4（IPA）
https://www.jitec.ipa.go.jp/1_13download/youkou_ver4_4.pdf

表4.3 ● システム監査技術者試験：午後の出題範囲

出題区分	内容
情報システム・組込みシステム・通信ネットワークに関すること	経営一般、情報戦略、情報システム（アプリケーションシステム、ソフトウェアパッケージ、クラウドコンピューティング、モバイルコンピューティング、ビッグデータ、AIなどを含む）、組込みシステム（IoTを含む）、通信ネットワーク（インターネット、有線及び無線LANなど）、ソフトウェアライフサイクルモデル、プロジェクトマネジメント、ITサービスマネジメント、インシデント管理、情報システムリスク管理、品質管理、情報セキュリティマネジメント及び情報セキュリティ関連技術（不正アクセス対策、サイバーセキュリティ対策、マルウェア対策などを含む）、事業継続管理、デジタルトランスフォーメーション（DX）など
システム監査の実践に関すること	ITガバナンス、IT統制、情報システムや組込みシステムの企画・開発（アジャイル開発を含む）・運用・利用・保守フェーズの監査、外部サービス管理の監査、事業継続管理の監査、人的資源管理の監査、ドキュメント管理の監査、システム開発プロジェクトの監査、情報セキュリティ監査、個人情報保護監査、他の監査（会計監査、業務監査ほか）との連携・調整など
システム監査人の行為規範に関すること	監査体制（監査に対するニーズの把握、監査品質の確保を含む）、監査人の独立性・客観性・慎重な姿勢、監査計画（リスクアプローチを含む）、監査の実施、監査報告、フォローアップ、CAAT（データ分析ツール、電子調書システムなど。AIを用いた監査を含む）、ディジタルフォレンジックス、CSA（統制自己評価）、他の関連する倫理規範など
システム監査関連法規に関すること	情報セキュリティ関連法規（刑法、不正アクセス禁止法、プロバイダ責任制限法など）、個人情報保護関連法規、知的財産権関連法規、労働関連法規、法定監査関連法規（会社法、金融商品取引法など）、システム監査及び情報セキュリティ監査に関する基準・ガイドライン・施策、内部監査及び内部統制に関する基準・ガイドライン・施策など

出所：情報処理技術者試験　情報処理安全確保支援士試験　試験要綱Ver.4.4（IPA）
https://www.jitec.ipa.go.jp/1_13download/youkou_ver4_4.pdf

4.2.3　公認情報セキュリティプロフェッショナル（CISSP）

　CISSP（Certified Information Systems Security Professional：公認情報セキュリティプロフェッショナル）は、(ISC)² （International Information Systems Security Certification Consortium）[6]が認定をしている国際的な情報セキュリティプロフェッショナル認定資格です。(ISC)²は1989年に設立され、1995年に第1回のテストが実施され、日本では200年から日本語による試験が開始されています。2019年5月時点で、175か国に約13万6000人がCISSPの認定を受けています。

【6】　(ISC)² 日本語版サイト
　　　https://japan.isc2.org/default.aspx

　CISSP試験では、CBKと呼ばれる**表4.4**の8つのドメインから問題が出題されます。CBKは、(ISC)^{2}がCISSP試験のために、情報セキュリティプロフェッショナルが理解すべき知識を国際規模で収集し、ドメイン（分野）ごとに整理したものです。CISSP認定試験は、CBKの8ドメインのうち2つ以上のドメインにおいて5年以上の経験を有すること（大学卒業者または(ISC)^{2}が認める資格の有資格者は1年の免除あり）が受検要件となっている点に注意が必要です。5年以上の経験のない者も受験は可能となっていますが、合格後は(ISC)^{2}準会員として登録され、登録後から6年以内に5年以上の経験を満たす必要があります。

　CISSP認定試験は英語と他の言語で試験方式が異なります。英語の試験はCAT（Computer Adaptive Testing）で実施され、日本語やその他の言語は連続問題式試験で実施されます。

　CISSPの認定を受けたあとは、CISAと同様に年間20 CPE以上、3年で合計120 CPEを取得し、(ISC)^{2}に報告しなければ認定を維持することができません。また、資格を維持するには、(ISC)^{2}の定める更新費用を毎年支払う必要があります。

　CISSPは情報セキュリティプロフェッショナルを認定するための資格であるため、リスクマネジメントの中でも特にセキュリティに関わる人にとっては、専門知識や経験を証明するために役立つ資格となります。また、国際資格であるため、グローバルに活躍することを目指す人にとっては特に価値ある資格と言えます。

表4.4 ● CISSPのCBKドメイン

ドメイン	出題比率
セキュリティとリスクマネジメント	15%
資産のセキュリティ	10%
セキュリティ設計とエンジニアリング	13%
通信とネットワークのセキュリティ	14%
アイデンティティとアクセスの管理	13%
セキュリティの評価とテスト	12%
セキュリティの運用	13%
ソフトウェア開発セキュリティ	10%

表4.5 ● CISSP試験方式

	CAT試験	連続問題式試験
試験時間	360分	360分
出題数	250問	250問
出題形式	コンピュータ適用型テスト	複数選択・高度な革新的形式
合格基準	1000点中700点	1000点中700点
対応言語	英語	フランス語、ドイツ語、ブラジル系ポルトガル語、スペイン語、日本語、簡体字中国語、韓国語

4.2.4　公認情報セキュリティマネージャー（CISM）

CISM（Certified Information Security Manager：公認情報セキュリティマネージャー）は、CISAと同様にISACAによって認定される国際資格です。

CISMは、マネージメントレベルの情報セキュリティマネージャーに特化した資格として2002年に新設され、2003年より試験が開始されている資格です。試験問題は情報セキュリティマネージャーの実際の業務分析をもとに開発されています。2019年2月時点で4万3000人が認定を受けており、日本でも500名以上が認定を受けています。CISMの認定を受けるためには、ISACAが実施する試験に合格するとともに、所定の業務要件を満たす必要があります。CISMの試験区分は**表4.6**のようになっています。

対象ドメインから150の選択式の設問が設定されており、試験時間は240分となっています。試験は日本語のほか、英語、中国語、スペイン言語での受験が可能です。試験結果は、異なるバージョンのテスト間での結果を同じ基準で評価するために、実際の得点を共通の基準で変換した段階評価スコアで200点から800点までに変換し、450点以上のスコアを取得すれば合格となります。

試験合格後は、申請時点から遡って過去10年以内で、5つのドメインいずれかに関する5年以上の実務経験を申請書で報告すればCISAの認定を受けることができます。また、認定後はISACAの定めるカテゴリに関する所定の教育を受け、年間20CPE（50分の学習時間を1CPEとして計算）以上、3年で合計120CPEを取得し、ISACAに報告しなければ認定を維持することができません。また資格の維持

表4.6 ● CISMの対象ドメインと出題割合（%）

対象ドメイン	概要
ドメイン1 （24%） 情報セキュリティガバナンス	情報セキュリティガバナンスのフレームワークと支持プロセスを確立し維持して、確実に情報セキュリティ戦略が組織の目標と目的と調和し、情報リスクが適切に管理され、プログラム・リソースが責任を持って管理されるようにする
ドメイン2 （30%） 情報リスクの管理	組織の目標や目標を達成するために、リスク選好度に基づいて情報リスクを許容レベルまで管理する
ドメイン3 （27%） 情報セキュリティプログラムの開発と管理	情報セキュリティ戦略と調和するよう情報セキュリティプログラムを確立し管理する
ドメイン4 （19%） 情報セキュリティのインシデントの管理	情報セキュリティのインシデントの検知、調査、対応、および復旧を行う能力の計画、確立、および管理を行って、ビジネスへの影響を最小限にとどめる

出所：公認情報セキュリティマネージャー（CISM: Certified Information Security Manager）、ISACA東京支部 http://www.isaca.gr.jp/cism/index.html

には、ISACAの定める更新費用を毎年支払う必要があります。

　ISACAの資格認定を受けるには、試験合格に加えて関連する実務経験が必要で、また認定後は資格を維持するために継続教育を実施する必要があります。CISSPと比べるとCISMはマネージャー向けの資格であるため、情報セキュリティの実務だけではなく、ガバナンスやマネジメントといった組織を管理していく観点から情報セキュリティに関する知識を理解し、身につけるには良い資格であると言えます。情報セキュリティの実務経験を積みつつ管理職を目指す人にとっては、CISMは良い資格でしょう。

4.2.5 公認内部監査人（CIA）

　CIA（Certified Internal Auditor：**公認内部監査人**）は、IIA（The Institute of Internal Auditors）が認定する、内部監査の知識・技能を認定する資格であり、1974年に認定試験が開始しました。日本ではIIAの日本代表機関である日本内部監査人協会（IIA-Japan）が1991年より認定試験が開始されています。

　CIAの認定を受けるには、CIA試験に合格するとともに、教育要件と実務要件を満たす必要があります。認定試験は**表4.7**のように3パートに分かれており、これ

表4.7 ● CIA認定試験の受験パート

Part		ドメイン			出題比率	問題数	試験時間
Ⅰ	Ⅰ	内部監査の基礎			15%	125問	150分
	Ⅱ	独立性と客観性			15%		
	Ⅲ	熟達した専門的能力および専門職としての正当な注意			18%		
	Ⅳ	品質のアシュアランスと改善のプログラム			7%		
	Ⅴ	ガバナンス、リスク・マネジメントおよびコントロール			35%		
	Ⅵ	不正リスク			10%		
Ⅱ	Ⅰ	内部監査部門の管理			20%	100問	120分
		1	内部監査部門の運営				
		2	リスク・ベースの内部監査計画の策定				
		3	最高経営者および取締役会への伝達と報告				
	Ⅱ	個々の業務に対する計画の策定			20%		
		1	個々の業務に対する計画の策定				
	Ⅲ	個々の業務の実施			40%		
		1	情報の収集				
		2	分析および評価				
		3	個々の業務の監督				
	Ⅳ	個々の業務の結果の伝達および進捗状況のモニタリング			20%		
		1	個々の業務の結果の伝達およびリスク受容				
		2	進捗状況のモニタリング				
Ⅲ	Ⅰ	ビジネス感覚			35%	100問	120分
		1	組織体の目標、行動および業績				
		2	組織構造とビジネスプロセス				
		3	データ分析				
	Ⅱ	情報セキュリティ			25%		
		1	情報セキュリティ				
	Ⅲ	情報技術（IT）			20%		
		1	アプリケーションおよびシステム・ソフトウェア				
		2	ITインフラストラクチャーおよび ITコントロール・フレームワーク				
		3	災害復旧				
	Ⅳ	財務管理			20%		
		1	財務会計および財務				
		2	管理会計				

まで紹介した資格とは異なり、監査論、内部監査の実務、ビジネス、情報セキュリティ、IT、会計と幅広いトピックと取り扱うのが特徴的です。試験は一度にすべてのパートを受験することも、任意のパートのみを受験することも可能です。ただし、はじめのパートに合格してから3年以内に3パートすべてに合格する必要があり、合格できなかった場合は3年を超えたパートは失効となる点に注意が必要です。

　試験合格後は、**表4.8**にある教育要件と実務要件を満たし、申請を行うことでCIAの認定を受けることができます。認定後は継続教育を実施し、所定のCPE（内部監査従事者は40 CPE、非従事者は20 CPE）を取得し、IIAに報告する必要があります。

表4.8 ● 教育要件と実務要件

教育要件	4年制大学を卒業 ※教育要件を満たしていなくとも、以下のいずれかの要件満たしている場合は認定の対象となる。 ・短期大学または高等専門学校 (高専) を卒業しており、5年以上の実務経験があること ・7年以上の実務経験があること
実務要件	内部監査、またはこれに相当する業務 (外部監査、監査役監査、品質のアシュアランス、リスク・マネジメント、コンプライアンス、内部統制 等、監査や評価業務に関するもの) 2年以上の実務経験 ※会計・法律・ファイナンス・経営に関する修士取得者は実務経験1年分に充当される ※2年以上の教職経験は実務経験1年分に充当される

　CIAは他の資格と比べても試験領域がかなり広くかつ広範なテーマを取り扱っており、認定を受けるため教育要件や実務要件を満たす必要があり、取得のハードルは高い資格となっています。しかし内部監査人向けの資格ということもあり、取得を通じてリスクマネジメントを含むビジネスに関連する幅広い知識を得られることから、ITの領域に留まらず将来的に広く企業のビジネスに関わりたいという人にとっては価値ある資格と言えます。

Column

リスクマネジメントプロフェッショナルの仕事

　ここでは筆者の業務経験をもとに、リスクマネジメントのプロフェッショナルの中でもリスクコンサルタントや外部監査人が現場でどのような業務を行っているのか紹介します。

●金融業向けの業務

　リスクコンサルタントや外部監査人の業務はリスクマネジメントの花形であり、さまざまな規模・業種の企業に対し、顧客のニーズに応じたテーマに合わせてリスクマネジメントにかかわるサービスを提供します。

　最も業務が多いのは厳しい規制のある金融業向けの業務になります。ただ、金融とひと言でくくれるものではなく、銀行、保険、証券や最近では〇〇Payといった決済サービス（前払式支払手段）の提供事業者や暗号通貨の取引所、交換所を運営する仮想通貨交換業者など、業態は多岐にわたります。

　それぞれの業態の中では法令等順守、顧客保護、信用リスク、市場リスク、流動性リスク、オペレーショナルリスク、システムリスクなど、さまざまなリスク対応があります。金融業を担当するリスクコンサルタントや外部監査人はこのすべてに精通しているわけではなく、各人がこの中の特定の業態やリスク分野に関する知識や経験を有しています。こうした専門家がコンサルティング会社や監査法人に集まることで、リスクマネジメントに関するトータルサービスを提供しています。病院にたとえると、総合病院にはさまざまな診療科があり、それぞれの科には専門の先生がいるということを考えるとイメージしやすいと思います。

　金融機関で特定の業務経験を積んでコンサルタントや外部監査人になるケースは別として、知識や経験がなくポテンシャル採用で入社した場合にど

の業態やリスク分野の業務に配置されるかは、その会社の業務の状況や上司の判断によります。筆者のまわりを見てみると、初めに配属されるいくつかの業務を起点にして、結果としてその業態やリスクを専門分野としてキャリアを築いていく人が多いように思います。

また、専門家として特定の業態やリスク分野でプロフェッショナルとしての立場をある程度確立したあとは、そのままその専門分野に特化して知識や経験を伸ばしていく人もいますし、他の業態やリスク分野の業務経験も積んで、より幅広い分野をカバーする専門家になっていく人もいます。これは各人が専門家としてどのようなキャリアを目指していくかによります。

●金融業向けの業務以外

金融業向けの業務以外では、内部統制報告制度（J-SOX）に対応するためのリスクマネジメント態勢構築コンサルティングやISMSやPマークといった認証の取得や維持ためのコンサルティングなどがあります。いずれも達成すべき要件が定められていますので、企業の組織や体制を踏まえ、それらの要件を達成するためにどのようなコントロールを導入するかを助言します。

J-SOX対応は上場企業に課せられている義務であり、認証も維持を続ける限りは同様に対応が継続します。そのため、上場企業や認証取得企業が存在する限り、継続して発生する業務になります。J-SOXや認証は特定の業態にのみ適用するものではないため、これらの分野の専門家としてのキャリアを伸ばしていく場合には、さまざまな業態に関わることになります。業態の特性や企業の規模などに応じて、要件をどのようにしてクリアしていくかといった柔軟な対応が求められます。

●その他の業務

その他の業務は、特定の規制や要件などが存在せず、企業の個別のニーズに応じてコンサルティングを実施するものがあります。筆者が経験したものとしては、❶特定部署の残業時間が増えているので原因を調査して改善案

を提示してほしい、あるいは❻システム障害が多発しているので原因を調査して改善案を提示してほしいという依頼がありました。こういった個別のニーズに対応するようなコンサルティングの場合は、コンサルティング会社や監査法人の中には過去事例がなく、ゼロベースでコンサルティングの方法や進め方を検討する必要があり、難易度が高い業務だと言えます。

　前者の事例❺では、関係者にインタビューを行い、雇用形態、担当業務、各業務に割いている時間などを整理しました。その結果、派遣社員で対応できる業務を正社員が対応していたことなどが判明し、業務の分担を見直すことで残業時間を削減できるのではないか、といった提案をしました。

　後者の事例❻では、システム部門のチーム単位にインタビューを行い、チームの体制、担当業務、業務手順、他チームとの業務連携などを整理しました。整理する中でシステム障害を誘発していると考えられる要素を洗い出し、それらの相関関係を樹形図で図示することでシステム障害を引き起こしていると考えられる原因を報告しました（**図4.4**）。

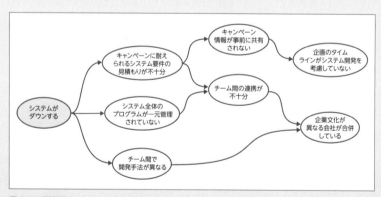

図4.4 ● 樹形図

　この2つの事例のように、個別のニーズに対応するには状況に応じてさまざまなアプローチを検討する必要があり、これまで紹介した業務の中でも柔軟性や臨機応変な対応が求められる業務だと言えるでしょう。こういった業

務に専門家として対応できるようになるには、多くの経験を積み、リスクマネジメントに関する引き出しを多く持っている必要があります。

　コンサルティング会社や監査法人でどのような業務が行われているのか、多少はイメージをつかんでいただき、また興味を持っていただけたでしょうか。

　それぞれの業務に難しさがあり、これからこういった業務に関わることを目指す人にとってはハードルを感じるかもしれません。しかし、現場の第一線で活躍しているコンサルタントや外部監査人も、初めは知識も経験もないところからスタートしていることを忘れないでください。重要なのは知識や経験ではなく、真摯に学び対応する姿勢だと筆者は考えます。今は実力がなくとも、真摯に学び業務に対応していけばリスクマネジメントの専門家となるのはそう難しくはないはずです。本書をきっかけに、リスクマネジメントの専門家の道を目指す方が増えることを期待します。

付録

リスクマネジメントのための
フレームワーク

A.1
COSOフレームワーク (COSO-ERM)

COSOフレームワークは、米国トレッドウェイ委員会支援組織委員会 (COSO) [1] によって1992年と1994年に公開された世界標準の内部統制フレームワーク (Internal Control – Integrated Framework) です。COSOフレームワークは、粉飾決算、経営破綻、企業不祥事などが米国で多く発生したことを契機として、企業統治のために内部統制は重要であるという考えを基に開発されました。

　COSOフレームワークは、3つの目的（業務、報告、コンプライアンス）と5つの構成要素（統制環境、リスクの評価、統制活動、情報と伝達、モニタリング活動）から構成されます。これを図式で表したのが「COSOキューブ」です（**図A.1**）。まず、3つの目的から見ていきましょう。

■ 業務の有効性と効率性［業務］

　組織体の事業目的を達成するために組織体のすべての人が取り組む業務が、どれだけ事業目的に貢献できたのか、時間や人などのコストをどれだけ効率よく使用されたかを指します。内部統制の諸活動を実施していくには、組織体の人が取り組む業務が事業目的に沿ったものでなくてはならず、業務は無駄な時間や人を費やすことなく実施しなければなりません。しかも環境は時々刻々と変化していくため、業務の有効性や効率性が維持されるように、業務プロセスの見直しを適時行い、必要に応じて修正を実施します。そのため、事業目的を効果的かつ効率的に達成

【1】　トレッドウェイ委員会支援組織委員会 (Committee of Sponsoring Organization of the Treadway Commission：COSO)
https://www.coso.org/Pages/default.aspx

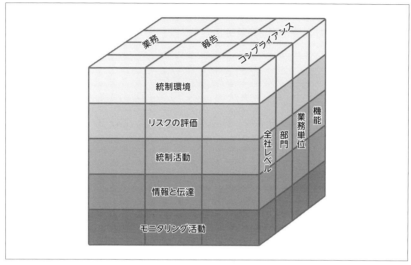

図A.1 ● COSOキューブ
出典：『内部統制の統合的フレームワーク』（八田進二／箱田順哉監訳、日本内部統制研究学会／新COSO研究会訳、日本公認会計士協会出版局、2013）を元に作成
https://jicpa.or.jp/news/information/docs/5-99-0-2-20160112.pdf

することをひとつの目標としています。

● 財務報告の信頼性［報告］

　企業が開示する財務諸表や関連する重要情報の信頼性を指します。財務情報は銀行や投資家、債権者などのステークホルダーにとって極めて重要な情報であり、ステークホルダーや財務情報に基づいて融資や投資の判断を行います。そのため、財務報告の信頼性を維持することは企業の価値を高めます。一方、財務報告に誤りや漏れが生じる企業は信頼を損ない、企業価値を毀損することになります。COSOフレームワーク開発の発端となった米国での粉飾決算を起こした企業では、この財務報告の信頼性という内部統制の目的が達成されていなかったことを表しています。「内部統制報告制度（J-SOX）」と呼ばれる金融証券取引法監査は、この財務報告の信頼性を監査の目的としています。

● 関連法規の遵守［コンプライアンス］

　企業活動に関連する法令やその他社会規範を遵守するということを示しています。法令や社会規範に違反して利益を追求する企業には、違反に応じたペナルティ（罰則）を受けることに留まらず、違反の程度によっては企業の存続も危ぶまれるような事態に陥ることも少なくありません。法令や社会規範に真摯に向き合い、これらを遵守するとともに積極的に問題点の改善に努める企業は高い信頼性を得ることになり、業績の向上や株価の上昇につながります。

　しかし、経営陣や従業員が法令や社会規範を逸脱しこれが明るみに出た場合、当事者のみがペナルティを受けるだけではなく、企業の不祥事として企業がダメージを受けることになります。そのため、企業にとって関連法規の遵守は重要な内部統制の目標のひとつとして位置づけられています。

　次に、5つの構成要素（統制環境、リスクの評価、統制活動、情報と伝達、モニタリング活動）について見ていきます。

● 統制環境

　内部統制の目的を達成しようとする組織体の風土を指します。5つの構成要素の中でも最も重要となる基礎的な要素になります。統制活動やモニタリング活動など、他の構成要素が優れていたとしても組織を構成する経営者や従業員がこれらを適切に運用できなければ何の意味もありません。自ら定めたルールを遵守しようという組織風土が築き上げられていなければ内部統制は有効に機能しません。特に経営者の影響は大きく、経営者が統制環境を構築し運用なければ、いくら従業員が頑張っても内部統制の目的を達成することは難しくなるでしょう。

● リスクの評価

　企業活動にはさまざまなリスクが生じます。企業はこれらのリスクを適時適切に評価し、リスクに応じた対策を講じることでリスクを許容範囲内まで低減する必要があります。本書で解説してきた固有リスクや残余リスクの評価がこのリスクの評価にあたります。企業を取り巻くリスクは環境の変化や時間の経過により時々刻々

と変化していくため、リスクの評価は一度実施すれば終わりというものではなく、定期的および必要に応じて実施することで常に最新のリスク状況を把握しておくことが重要になります。

■ 統制活動

企業では購買、製造、販売、配送など、さまざまな活動を行っています。これらの活動を、経営者の命令や指示に従って実行するための方針や手続きのことを指します。統制活動のうち、不正や誤りが生じるリスクを防止したり発見したりする活動が、本書で解説してきた「コントロール」に該当します。

有効な統制活動を行うには、職務分掌を明確にする、不正を生じさせないよう相互けん制機能を導入する、活動を記録する、不正や誤りを検出するための点検や監査の機能を導入する、といったポイントを押さえることが重要になります。

■ 情報と伝達

現代の企業活動ではヒト、モノ、カネに加え、情報も重要な価値を持つものとなっています。内部統制においても、情報とこれを伝達する手段は重要な構成要素となっています。情報の伝達では、企業の現場から経営者まで正しい情報が適時に伝わっているかが重要です。

不正な会計処理や製品に関する致命的な欠陥などの情報が経営者に報告されなければ、企業はこれらの不正処理や欠陥といった不芳事象に対して適切な処置を講じることができません。また、従業員からの内部通報や取引先など外部からの通報といった情報も、関連部署へ適切に伝達される体制や仕組みを構築・運用することも大切です。

■ モニタリング活動

内部統制の活動は一度構築して運用すれば終わりというものではなく、有効かつ効率的に機能しているかを継続的に評価する必要があり、これをモニタリング活動（監視活動）と言います。モニタリング活動には現場の担当者による「日常的なモニタリング」と、独立した組織や担当者による「独立的なモニタリング」の2つがあ

ります。

　日常的なモニタリングはリアルタイムに監視を行うことにより、問題を発見した場合には速やかに対応ができるメリットがあります。一方、独立したモニタリングは内部監査や外部監査を通じて実施され、直接業務に関係しない担当者が評価することで評価の客観性を確保できることがメリットです。

　これらのモニタリングを通じて、内部統制の活動は有効性や効率性を維持することができます。

A.1.1　COSO-ERM

　COSOフレームワークの発表後、企業活動の複雑化や拡大に伴いリスクは拡大および複雑化しています。このため経営層は全社的なリスクマネジメントの観点から、これらのリスクに対応するためのフレームワークが望むようになりました。そこで、COSOフレームワークを発展し継承したものとしてCOSOが2004年に発表したのが**COSO-ERMフレームワーク**です。ERMとは全社的リスクマネジメント（Enterprise Risk Management）を指します。

　COSO-ERMフレームワークでのリスクマネジメントとは、事業体の取締役、経営者やその他構成員によって実施される一連の行為（プロセス）であり、戦略設定において事業体横断的に適用され、事業体に影響を及ぼす可能性のある潜在事象を識別し、リスクを許容限度（risk appetite）内に納めてマネジメントを行い、事業体の目的の達成に合理的保証を提供することとされています。COSO-ERMフレームワークは4つの目的と8つの構成要素から構成されています（**図A.2**）。COSOキューブの目的に「戦略」が追加され、構成要素に「目的設定」「事業認識」「リスク対応」の3つの構成要素が追加されています（用語および訳語のいくつかは改められています）。

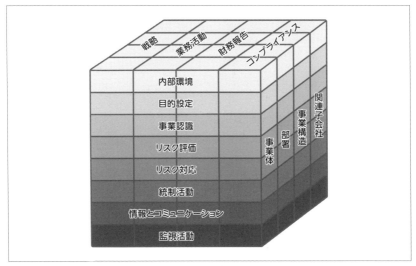

図A.2 ● COSO-ERMのフレームワーク

出所：「Enterprise Risk Management − Integrated Framework: Executive Summary」および同日本
語版を元に作成。
https://www.coso.org/Pages/erm-integratedframework.aspx
https://www.coso.org/Documents/COSO-ERM-Executive-Summary-Japanese.pdf

　その後、COSO-ERMは環境変化に合わせ、リスクマネジメントを組織の戦略的
活動の一部としてこれまで以上に取り込めるように2017年に大幅に改訂されまし
た。改訂されたCOSO-ERMフレームワークでは**図A.3**のように一連プロセスが相
関を意識したフレームワークに変更され、5つのカテゴリと20の原則から構成さ
れます。

ガバナンスとカルチャー

1. 取締役会によるリスク監視を行う
2. 業務構造を確立する
3. 望ましいカルチャーを定義づける
4. コアバリューに対するコミットメントを表明する
5. 有能な人材を惹きつけ、育成し、保持する

戦略と目標設定

6. 事業環境を分析する
7. リスク選好を定義する
8. 代替戦略を評価する
9. 事業目標を組み立てる

パフォーマンス

10. リスクを識別する
11. リスクの重大度を評価する
12. リスクの優先順位づけをする
13. リスク対応を実施する
14. ポートフォリオの視点を策定する

レビューと修正

15. 重大な変化を評価する
16. リスクとパフォーマンスをレビューする
17. 全社的リスクマネジメントの改善を追求する

情報、伝達および報告

18. 情報とテクノロジーを活用する
19. リスク情報を伝達する
20. リスク、カルチャーおよび
    パフォーマンスについて報告する

図A.3 ● 新COSO-ERMのフレームワーク（2017）

出所：「Enterprise Risk Management Integrating with Strategy and Performance Executive Summary」（COSO、2017）および『COSO 全社的リスクマネジメント：戦略およびパフォーマンスとの統合』（日本内部監査協会／八田進二／橋本尚／堀江正之／神林比洋雄 監訳、日本内部統制研究学会COSO-ERM研究会 訳、同文舘出版、2018）を元に作成。

https://www.coso.org/Documents/2017-COSO-ERM-Integrating-with-Strategy-and-Performance-Executive-Summary.pdf

A.2

COBIT

COBIT（Control Objectives for Information and Related Technology）は、情報システムコントロール協会（ISACA）とITガバナンス協会（IT Governance Institute：ITGI）が作成をしたIT管理に関するベストプラクティス（フレームワーク）集です。

COBITは1992年に初版が公開され、以後進化を続け、2012年にCOBIT 5、そして最新版のCOBIT 2019は2018年に公開されました（**図A.4**）。初版としてリ

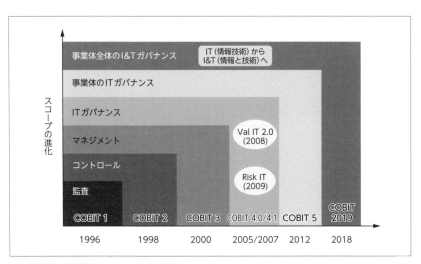

図A.4 ● COBITの変遷
出所：「COBIT 5の紹介」（IISACA国際本）を元に作成。COBIT 2019を追記。
http://www.isaca.org/COBIT/Documents/COBIT-5-Introduction_res_Jpn_0813.ppt
「COBIT 2019の紹介」（ITガバナンス協会）　https://www.itgi.jp/index.php/cobit2019/background

リースされたCOBIT 1は、ITマネージャーやシステム監査人の日々の業務に役立つ、国際的に認められた最新のITコントロールに関する研究・開発を行い、企業や業界に促進することを目的として策定されました。その後、改訂が行われるたびに対象が拡張され、フレームワークの見直しが行われています。

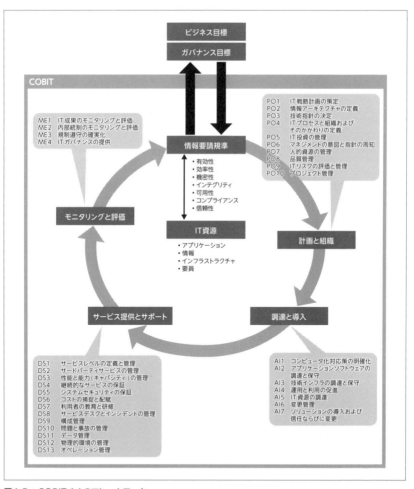

図A.5 ● COBIT 4.1のフレームワーク

出所：「COBIT 4.1日本語版」を元に作成。

http://www.isaca.org/Knowledge-Center/cobit/Documents/COBIT_4.1_Japan.pdf

2005年にITガバナンスを対象とするCOBIT 4が公開され、2007年にはCOBIT 4.1が公開されました（**図A.5**）。COBIT 4.1ではITコントロールに関わる活動を「計画と組織（Plan and Organize：PO）」、「調達と導入（Acquire and Implement：AI）」、「サービス提供とサポート（Deliver and Support：DS）」、「モニタリングと評価（Monitor and Evaluate：ME）」の4つの領域に分け、この中で34のプロセスを定義しています。

情報システムのライフサイクルに沿った領域を定め、各領域で実施するプロセスを定めることで理解しやすいフレームワークになっています。また、各プロセスは整備され運用できている、できていないといった評価をするのではなく、成熟度モデルを利用して評価することで組織のITガバナンスの状況を可視化しています。経営陣と現在の状態やあるべき状態について協議したり、他の組織や業界標準との比較ができるように工夫されています（**図A.6**）。

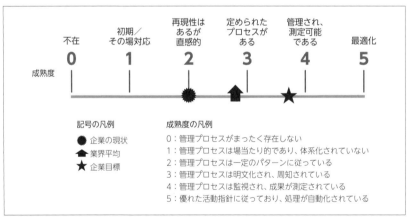

図A.6 ● 成熟度モデル
出所：「COBIT 4.1日本語版」を元に作成。
http://www.isaca.org/Knowledge-Center/cobit/Documents/COBIT_4.1_Japan.pdf

その後、ISACAはCOBIT 4.1の見直しを行い、これまでの監査・保証、コントロールといったスコープから大幅に転換し、事業体全体のITガバナンスを対象とするCOBIT 5を2012年に公開しています。

　COBIT 5は、多様なステークホルダーからの要求に応えること、ITベンダーや外部コンサルタント、クラウドサービスといった外部の業者やサービスへの依存が高まっている状況に対応すること、ISOなど主要なフレームワークとの整合性を確保することなどを目的として策定されています。COBIT 5はCOBIT 5プロダクトファミリーと呼ばれる複数のガイダンスによって構成されています（**図A.7**）。

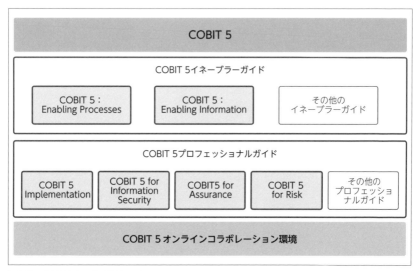

図A.7 ● COBIT 5のプロダクトファミリー
出所：「COBIT 5日本語」（COBIT5-Framework-Japanese.pdf）を元に作成。
http://www.isaca.org/COBIT/Pages/COBIT-5-japanese.aspx

　またCOBIT 5では、COBIT 4.1のプロセスモデルを継承しつつ、プロセスをITガバナンスとITマネジメントの2つのプロセスドメインに分け、この中で37のプロセスを定義しています（**図A.8**）。

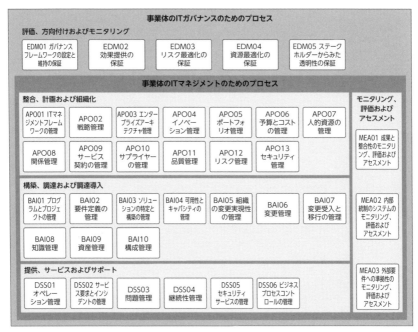

図A.8 ● COBIT 5のプロセスドメインとプロセス
出所：「COBIT 5日本語」（COBIT5-Framework-Japanese.pdf）を元に作成。
http://www.isaca.org/COBIT/Pages/COBIT-5-japanese.aspx

　ITガバナンスのプロセスドメインでは「評価、方向付けおよびモニタリング」に
関するプロセスが定められています。ITマネジメントのプロセスドメインでは、
COBIT 4.1のプロセスを継承した各プロセスが定められています（**表A.1**）。

表A.1 ● COBIT 4.1のプロセスとCOBIT 5（ITマネジメント）のプロセス

COBIT 4.1	COBIT 5（ITマネジメント）のプロセス
Plan and Organize（PO）	Align, Plan and Organize（APO）
Acquire and Implement（AI）	Build, Acquire and Implement（BAI）
Deliver and Support（DS）	Deliver, Service and Support（DSS）
Monitor and Evaluate（ME）	Monitor, Evaluate and Assess（EA）

　2018年には、COBIT 5をベースに新たなトレンドや技術動向、セキュリティニーズなどを反映したCOBIT 2019が公開されています。COBITは歴史のあるフレームワークですが、時代の要請や環境に応じて適時見直しが行われており、最新版のCOBITを利用することで組織のITガバナンスを中心としたITのリスクマネジメントに対応できます。

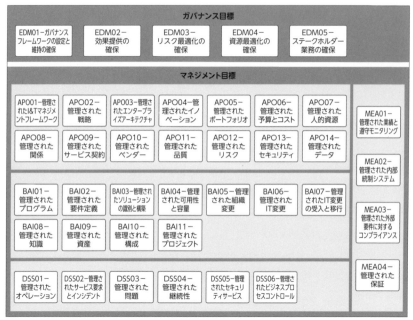

図A.9 ● COBIT 2019のプロセスドメインとプロセス（COBITコアモデル）
出所：「COBIT® 2019フレームワーク：序論および方法論」（ISACA）を元に作成、一部改変。
https://www.isaca.org/COBIT/Pages/COBIT-2019-Framework-Introduction-and-Methodology.aspx

A.3

ISO 31000

ISO 31000は、2009年11月に発行されたリスクマネジメントに関するISO規格で、2018年に公開された第2版が最新の規格となっています。リスクマネジメントに関するISO規格は、ISO 31000のほか、ISOGuide73（JIS Q 0073：2010、リスクマネジメント−用語）およびISO 31010（リスクアセスメント技術）が発行されています（**表A.2**）。

COSO（COSO-ERM）は企業全体のリスクマネジメントを目的としているのに対し、ISO 31000は企業体全体に留まらず企業体内の特定部門、プロジェクトなど、あらゆる組織を対象としたリスクマネジメントの考え方を示したフレームワークとなっています。ISO 31000は、ISO 27001（ISMS）、ISO 20000（ITSMS）、ISO 9001（QMS）など他のISO規格との整合性が確保されているため、すでにこれらのISO認証を取得している企業、あるいは今後ISO認証の取得を予定している企業がリスクマネジメントを導入しようとする場合には、有効なフレームワークです。な

表A.2 ● リスクマネジメントに関わる主な規格

規格	説明
ISO 31000	Risk management — Guidelines
JIS Q 31000	リスクマネジメント — 指針
ISO 31010	リスクアセスメント技術
ISOGuide73 (JIS Q 0073)	リスクマネジメント — 用語
ISO 27001	情報セキュリティマネジメントシステム (ISMS) 規格
ISO 20000	ITサービスマネジメントシステム (ITSMS) 規格
ISO 9001	品質マネジメントシステム (Quality Management System：QMS)

おISO 31000は他のISO規格のような認証制度はなく、ガイドライン（指針）規格となっています。

　ISO 31000のフレームワークは、リスクマネジメントの「原則」「枠組み」「プロセス」から構成されています（**図A.10**）。

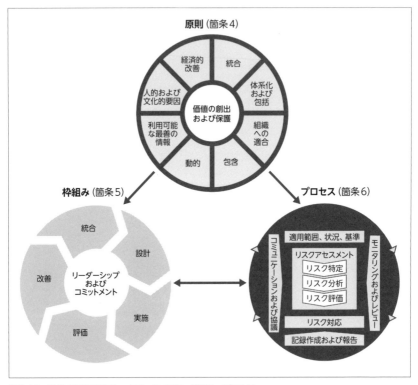

図A.10 ● ISO 31000のフレームワーク：原則、枠組み、プロセス
出所：「JIS Q 31000：2019（ISO 31000：2018）リスクマネジメント−指針」（日本規格協会、2019：2）を元に作成。表記は一部改変。
https://webdesk.jsa.or.jp/books/W11M0090/index/?bunsyo_id=JIS+Q+31000%3A2019

　「原則」では、リスクマネジメントを実践していくために遵守すべき8つの原則が定められています。「枠組み」は、マネジメントシステムが継続的に機能し改善していくための継続的な活動を定めています。「プロセス」では、リスクマネジメントの現場で実施する活動をプロセスとして定めています。

ISO 31000の各活動について見ていきましょう。まずは「枠組み」からです。

● リーダーシップおよびコミットメント

リスクマネジメントに責任を負うトップマネジメントおよびリスクマネジメントを監督する監督機関が、リスクマネジメントを組織の活動に統合するために実施することが期待される事項が規定されています。第2版では、監督機関が対象として追加されています。

● 統合

ISO 31000のリスクマネジメント活動を組織の文化、戦略、ガバナンス、業務プロセスなどと統合することを求めています。

● 設計

リスクマネジメントの枠組みを設計するために、組織の文化、戦略、ガバナンスなどの内部環境、政治、法律、規制、技術などの外部環境を理解することを求めています。また、トップマネジメントおよび監督機関によるコミットメント、組織の役割、権限、責任の割り当て、資源の配分、コミュニケーションおよび協議の確立も求めています。

● 実施

設計されたリスクマネジメントの枠組に従い、リスクマネジメントの計画を策定したうえで実施することを求めています。リスクマネジメントにはステークホルダーの参画が必要であり、かつ組織全体の活動として取り入れられることを確実にすることも求めています。

● 評価

リスクマネジメントに係る計画や組織の戦略や目標などと照らし合わせて、リスクマネジメントの枠組みの有効性を評価することを求めています。

■ 改善

　リスクマネジメントの枠組みを継続的にモニタリングし、枠組みの適切性、妥当性、有効性およびリスクマネジメントプロセスを統合する方法を継続的に改善することを求めています。モニタリングにより把握した改善事項は、改善計画を策定した上でアカウンタビリティを持つ人に割り当てることとしています。

　次に、ISO 31000の「プロセス」について見ていきましょう。ここで「プロセス」とはリスクマネジメントプロセスを指します。

■ コミュニケーションおよび協議

　関連するステークホルダーがリスクに対する意識および理解を促進するためのコミュニケーションを実施し、意思決定を裏付けるためのフィードバックや情報を入手するための協議を実施することを求めています。これらのコミュニケーションおよび協議は、リスクマネジメントプロセスの各段階および全体で実施するようにします。

■ 適用範囲、状況および基準

　効果的なリスクアセスメントおよび適切なリスク対応をとるために、リスクマネジメント活動の適用範囲を定め、内部環境および外部環境を理解し、リスクテイクおよびリスク受容するためのリスク基準を決定することを求めています。

■ リスクアセスメント

　リスクの特定および分析について、**表A.3**のような要素を検討することが望ましいとしています。また、リスク評価の結果、既存対応策の維持、他の対応策の選択、追加対応策の要否検討、さらなるリスク分析の実施、コントロール目的の見直しなどの決定を行います。

表A.3 ● リスクの特定、分析に関する要素

リスクの特定	リスクの分析
有形および無形のリスク源	事象の起こりやすさおよび結果
原因および事象	結果の性質および大きさ
脅威および機会	複雑さおよび結合性
脆弱性および能力	時間に関係する要素および変動性
外部および内部の状況の変化	既存の管理策の有効性
新たに発生するリスクの指標	機微性および機密レベル
資産および組織の資源の性質および価値	
結果および結果が目的に与える影響	
知識の限界および情報の信頼性	
時間に関連する要素	
関与する人の先入観、前提および信条	

■ リスク対応

　以下の7つの選択肢から1つ以上のリスク対応を決定し、リスク対応計画を定めることを求めています。対応計画は、ステークホルダーと協議したうえで、経営計画およびそのプロセスに統合するようにします。

リスク対応の選択肢

- リスクを生じさせる活動を開始または継続しないと決定することによってリスクを回避する
- ある機会を追求するためにリスクを取る、または増加させる
- リスク源を除去する
- 起こりやすさを変える
- 結果を変える
- （たとえば、契約、保険購入によって）リスクを共有する
- 情報に基づいた意思決定によって、リスクを保有する

■ モニタリングおよびレビュー

　リスクマネジメントプロセスの設計やその結果を、継続的なモニタリングと定期

的なレビューを実施することを求めています。モニタリングおよびレビューの結果
は、組織のパフォーマンスマネジメントや測定、報告活動に組み込みます。

■ 記録作成および報告

　リスクマネジメントプロセスおよびその結果を文書化し、報告することを求めて
います。報告は、ステークホルダーとの会話の質を高めたり、トップマネジメント
および監督機関が責任を果たすことを支援したりするようにします。

A.4

内部統制報告制度（J-SOX）

　内部統制報告制度（J-SOX）は、金融商品取引法第24条の4の4および第193条の2項2号に基づき、上場企業等に対し有価証券報告書とあわせて内部統制報告書の提出を義務づけるものです。内部統制報告制度は2008年4月より適用が開始され、米国の**SOX法**（サーベンス・オクスリー法：Sarbanes-Oxley Act）にならって導入された制度であることから、通常 J -SOX（ジェイソックス）と呼ばれます。

　米国では2000年初頭にエンロンやワールドコムといった大企業で粉飾決算などの会計不祥事が立て続けに発生しました。そこでこういった不祥事を繰り返さないために、2002年7月に米国でSOX法が成立しました。SOX法は財務情報の透明性と正確性の確保を厳しく求め、会計処理上の不正や誤謬（ごびゅう）を防ぐための内部統制の構築・運用と有効性の評価を経営者に義務づけています。ここでの内部統制とは、COSOが策定したCOSOフレームワークを指します。当初はCOSOフレームワークが定める3つの目的（業務の有効性と効率性、財務報告の信頼性、関連法規の遵守）すべてを対象として想定していましたが、過大なコスト負担を嫌う企業から批判が相次いだため、最終的には「財務報告の信頼性」のみを同法に基づく内部統制の対象としています。

　日本でも不正や誤謬を防止する仕組みが十分でない上場企業が多く存在することが認識されたことから、2006年5月に施行された会社法で内部統制の方針決定と開示を義務づけ、2006年6月に成立した金融商品取引法で、冒頭に説明した内部統制報告書の提出を義務付けることとなりました。

　J-SOXではCOSO-ERMフレームワークをベースとしており、COSOフレーム

ワークをベースとしている米国とはこの点で異なります。2005年12月に企業会計審議会内部統制部会が発表した「財務報告に係る内部統制の評価及び監査の基準のあり方について」および2006年11月の「財務報告に係る内部統制の評価及び監査に関する実施基準（公開草案）」では、内部統制の枠組みについて以下のように述べています。公開草案はその後、原案どおりの内容で2007年1月に了承されています。

> 内部統制は、基本的に、企業等の4つの目的（①業務の有効性及び効率性、②財務報告の信頼性、③事業活動に関わる法令等の遵守、④資産の保全）の達成のために企業内のすべての者によって遂行されるプロセスであり、6つの基本的要素（①統制環境、②リスクの評価と対応、③統制活動、④情報と伝達、⑤モニタリング、⑥ITへの対応）から構成される。このうち、財務報告の信頼性を確保するための内部統制を「財務報告に係る内部統制」と定義し、本基準案では、この有効性について経営者による評価及び報告並びに公認会計士等による監査を実施する際の方法及び手続についての考え方を示している。

出所：「財務報告に係る内部統制の評価及び監査の基準のあり方について」（企業会計審議 内部統制部会、金融庁、2005：3ページ）より抜粋。
https://www.fsa.go.jp/news/newsj/17/singi/f-20051208-2.pdf

> 内部統制とは、基本的に、業務の有効性及び効率性、財務報告の信頼性、事業活動に関わる法令等の遵守並びに資産の保全の4つの目的が達成されているとの合理的な保証を得るために、業務に組み込まれ、組織内のすべての者によって遂行されるプロセスをいい、統制環境、リスクの評価と対応、統制活動、情報と伝達、モニタリング（監視活動）及びIT（情報技術）への対応の6つの基本的要素から構成される。

出所：「財務報告に係る内部統制の評価及び監査の基準のあり方について」（企業会計審議 内部統制部会、金融庁、2005：9ページ）より抜粋。
https://www.fsa.go.jp/news/newsj/17/singi/f-20051208-2.pdf

　その他の違いとして、SOX法では経営者が内部統制の構築・運用と有効性の評価を行い、さらに監査法人が経営者評価とは別にその評価を実施する二重評価と

なっているのに対し、J-SOXでは監査法人が経営者による評価結果の妥当性を評価する仕組みとなっています。これにより、二重評価によるコスト増をJ-SOXでは回避しています。また、SOX法では財務諸表監査と内部統制監査を担当する監査法人が分離され効率性を損なっていました。そこでJ-SOXでは、同一の監査法人が両方の監査を担当することで効率性を確保しています。

　J-SOXは上場企業等を対象に実施される内部統制監査を指し、COSO-ERMをベースとして財務報告の信頼性にその目的を絞った監査と言えます。

Column

フレームワークの上手な利用方法

●フレームワークは最新版を使うべきか？

　COSOやCOBITといったフレームワークは定期的に見直しが行われており、数年ごとに新しいバージョンがリリースされます。このようにフレームワークが更新された場合、最新版のフレームワークを利用するのがベストでしょうか？

　新しいもののほうがよさそうに思えるかもしれませんが、筆者は必ずしも最新版を利用すべきだとは考えていません。フレームワークの利用にあたって何より重要なのは、**利用目的に整合したフレームワークである**ことです。また、フレームワーク導入時にはすべての項目を網羅する必要はなく、組織内のすべての部署に適用させる必要もありません。

　たとえば、COBITは版を重ねるごとにそのスコープ（適用範囲）を拡大させており、最新版のフレームワークをそのまま利用するとなると企業の経営陣から現場の作業プロセスまでをカバーする壮大な作業となってしまいます。利用目的との整合を考えると、IT部門の現場のプロセスを改善したいのであれば以前のバージョンのCOBIT 2を利用することでその目的を達成できるでしょう。企業のIT部門のITガバナンスまでを対象とするのであればCOBIT 4/4.1でも十分目標を達成できるでしょう。

　ただし、利用者が対象としたいスコープとフレームワークのスコープが合わないからといって、最新版のフレームワークの利用を推奨しないという訳ではありません。そういった場合には、フレームワークの中から必要な部分だけを抜き出して利用できます。

　たとえばCOBIT 5では、COBIT 4/4.1から引き継いだITマネジメントのプロセスと、新たに追加された事業体のITガバナンスのプロセスの大きく2つ

のプロセス群から構成されています。まずはITに関わる現場のプロセスやマネジメントを改善する場合には、ITガバナンスのプロセスを除外してITマネジメントのプロセスを導入すれば利用目的を満たすことができます。

　また、IT部門に対してCOBITのプロセスをすべて同時に導入するには時間や人員など多くのコストを費やすことになります。その場合、導入に失敗した際には軌道修正のコストが増大し、導入を中止した場合には結果的に投入した多額の予算を無駄に消費したことになります。現実的な運用としては、開発部門や運用部門またはその中の特定のチームを対象として選定し、その対象にCOBITのプロセスを導入していくことをお勧めします。

◉大手IT企業の失敗事例

　筆者が実際に見聞した大手IT企業の失敗事例をご紹介しましょう。

　この企業では、特定のリスクフレームワークのすべての項目を基準としてIT部門全体のリスクアセスメントの作業を実施していました。外部のコンサルタントを利用し、IT部門の1チームを対象に評価をした結果、数か月をかけて畳1枚分ほどの精緻なリスク一覧が完成しました。しかし、変化の激しいIT業界にとっては、完成した時点でその内容の一部はすでに現状と合わないものになっていました。また、評価すべき部門は他にもまだまだあり、このペースでIT部門全体を評価するとなると2〜3年はかかりそうな状況でした。結局、このプロジェクトは途中で頓挫し、成果を出さないまま解散してしまいました。

　一部のリスクマネジメントの専門家の中には、何も考えずにフレームワークの項目すべてをそのまま導入しようとしたり、いきなり適用対象に組織全体を設定したりして作業を進めようとする人もいます。こういったフレームワークの利用方法は「目的」と「手段」が完全に入れ替わってしまっています。本来は、フレームワークによるリスクコントロール改善や向上が目的であったはずなのに、いつの間にかフレームワークを教科書どおりに導入することが目的にすり替わっています。専門家本人は教科書どおりの綺麗なフ

レームワークが導入できて満足かもしれません。しかし、実際の効果を見てみるとフレームワークどおりに運用することが目的となってしまっているため、作業が増えた割には効果が見られないことが多いように思います。

　これからフレームワークを学び、これを実践しようと考えている読者の皆さんには是非、利用の際には頭を捻ってフレームワークのどの項目を適用させるべきか、また対象とする組織をどう設定するかについて考えていただきたいと思います。

　最近のフレームワークの全般的な傾向は、COBITのように、プロセスベースからプリンシプル（原則）ベースへと進化しています。内外の環境変化が大きく、課題も高度化・複雑化している現代の状況に対応するためのリスクマネジメントを考えた場合、プロセスベースのようなシンプルなモデルでは表現しきれなくなってきています。プリンシプルベースのフレームワークは、高度なリスクマネジメントが実践できるように改善が加えられていますが、わかりやすさは損なわれている面もないとは言えません。

◉使いこなせるフレームワークを選択する

　COBITの最新版としてCOBIT 2019が公開されています。COBIT 2019はどのように評価すればよいでしょうか。ISACAの関連団体であるITGI Japanの「COBIT 2019登場の背景」[1] を読んでみると、COBIT 5の限界として以下のような説明があります。

- COBITの利用者は自身のニーズに合った内容を探し出すことが困難であるとしている

- 実際に適用するには複雑であり、そして骨の折れるものであると認識されている

【1】　http://www.itgi.jp/index.php/cobit2019/background

- イネーブラーモデルは展開およびガイダンスの観点から見て不完全であり、そのためしばしば無視された

- 骨の折れるプロセス能力モデル、および他のイネーブラーに関するパフォーマンスマネジメントの支援の全般的な欠落

この記述からも、最新のフレームワークが無条件に、すべての利用者にとって利便性があり、利益をもたらすものではないことがわかると思います。筆者もISACAの会員としてCOBITの新バージョンが登場するたびにその内容を学習していますが、バージョンが上がるにつれてその難易度は高くなっているように感じます。

また、実際にCOBITを導入したという事例もCOBIT 4/4.1あたりまではいくつか耳にしましたが、COBIT 5以降は以前と比べて導入したといった話は聞かなくなりました。逆に、先ほどのCOBIT 5の限界で述べられているような、以前のバージョンと比べて理解や導入が難しくなっていることが原因だと筆者は考えています。

これから新たにフレームワークを学習することを検討している人に対しては、理解しやすさを優先してフレームワークを選択するようお勧めします。初学者の方が高度かつ難解なフレームワークをいきなり理解しようとすると、ハードルの高さにやる気がそがれてしまう気がします。内部統制であれ

用語 **イネーブラー**：ITガバナンスとITマネジメントが機能するかについて影響を及ぼす要因を指す。COBIT5では、以下の7つのカテゴリーでイネーブラーを定義している。

- 原則、ポリシーおよびフレームワーク
- 組織構造
- 文化、倫理および行動
- 情報
- サービス、インフラストラクチャおよびアプリケーション
- 人材、スキルおよび遂行能力

出所：「COBIT 5日本語」（COBIT5-Framework-Japanese.pdf）を元に解説。
http://www.isaca.org/COBIT/Pages/COBIT-5-japanese.aspx

ば2017年版のCOSO-ERMではなく旧COSO-ERMやCOSO、COBITであれ
ばCOBIT 2019やCOBIT 5ではなくCOBIT 4/4.1のほうがシンプルで理解
しやすく、現場にも導入しやすいと思います。

　これらのフレームワークを十分に理解し使いこなせるようになってから、
高度なバージョンのフレームワークの導入を検討するのがよいのではないで
しょうか。

索 引

著者紹介

田邉 一盛 (たなべ かずもり)

移動体通信事業者の運用エンジニアとしてキャリアをス
タートし、コンサルティング会社や監査法人でリスクマネ
ジメント業務に従事し、同時に関連資格の取得をしなが
らリスクマネジメントを学ぶ。監督官庁での検査業務を
経験後、セキュリティベンダーを経てSNS事業者、電子
決済事業者、暗号資産交換業者など、複数のフィンテッ
ク企業でリスクマネジメント態勢の構築や改善に従事し
た経験を持つ。

- 装丁： 小島トシノブ（NONdesign）
- 本文イラスト： KIITO / PIXTA（ピクスタ）
- 本文デザイン＆DTP： 有限会社風工舎
- 編集： 川月現大（風工舎）
- 担当： 取口敏憲

■ お問い合わせについて

　本書に関するご質問は、本書に記載されている内容に関するもののみとさせていただきます。本書の内容と関係のないご質問につきましては、いっさいお答えできませんので、あらかじめご了承ください。また、電話でのご質問は受け付けておりませんので、本書サポートページ経由かFAX・書面にてお送りください。

＜問い合わせ先＞
- 本書サポートページ
  https://gihyo.jp/book/2020/978-4-297-11193-9
  本書記載の情報の修正・訂正・補足などは当該Webページで行います。
- FAX・書面でのお送り先
  〒162-0846
  東京都新宿区市谷左内町21-13
  株式会社技術評論社　雑誌編集部
  「エンジニアのためのリスクマネジメント入門」係
  FAX　03-3513-6173

　なお、ご質問の際には、書名と該当ページ、返信先を明記してくださいますよう、お願いいたします。
　お送りいただいたご質問には、できる限り迅速にお答えできるよう努力しておりますが、場合によってはお答えするまでに時間がかかることがあります。また、回答の期日をご指定なさっても、ご希望にお応えできるとは限りません。あらかじめご了承くださいますよう、お願いいたします。

エンジニアのためのリスクマネジメント入門

2020年　3月11日　　初版　第1刷発行

著　者　　田邊 一盛
発行人　　片岡 巌
発行所　　株式会社技術評論社
　　　　　東京都新宿区市谷左内町21-13
　　　　　TEL：03-3513-6150（販売促進部）
　　　　　TEL：03-3513-6177（雑誌編集部）
印刷／製本　日経印刷株式会社

ISBN978-4-297-11193-9　　C3055
Printed in Japan